上海城市发展战略问题规划研究 2023

上海市城市规划设计研究院　编著

上海科学技术出版社

《上海城市发展战略问题规划研究 2023》编委会

序

  党的二十大胜利召开，描绘了全面建设社会主义现代化国家的宏伟蓝图，开启了中国式现代化的新时代新征程。至 2023 年，"上海 2035"总体规划实施已有 5 年，"十四五"规划实施也时间过半。当前，世界百年未有之大变局加速演进，世纪疫情影响深远。站在新的历史起点上，上海要继续当好改革开放排头兵、创新发展先行者。城市规划需要始终立足全球视野和时代需要，准确把握市委、市政府的总体谋划，坚持"四个放在"，加强总规统领和资源统筹，敢于破瓶颈、解难题。一方面，与国际标杆对标，向最好者学习、与最强者看齐、跟最快者赛跑；另一方面，聚焦上海在地破题，探索上海实践和上海经验，全力以赴把"上海 2035"总体规划一张蓝图转化为施工图和实景画。

  上海市城市规划设计研究院作为规划领域的重要智库，面对百年未有之大变局，我们深感责任在肩。必须以城市发展为己任，不断强化服务国家战略和建设具有世界影响力的社会主义现代化国际大都市的使命担当。《上海城市发展战略问题规划研究》（以下简称《战略问题研究》）是我院科研成果之一，旨在通过搭建平台，汇聚各方智慧，立足市委、市政府的战略要求，紧扣市规划和自然资源局的重点关切，聚焦当前和中长期城市发展的难点问题，谋划在前、体现导向、引领发展，借鉴全球城市"他山之石"，做到准确识变、科学应变，寻求切实的空间应对策略和政策引导方向，探索性地提出规划领域的解决方案。2023 年度的《战略问题研究》关注全球经济竞争下的产业新赛道承载空间，关注后疫情时期城市治理韧性水平，关注超大城市人口多样化、多层次需求，关注气候变化整体趋势和风险挑战，关注数字技术对城市发展模式的重大影响，聚焦科技创新、高端制造业、枢纽经济、通勤幸福度、关键岗位、历史文化名城保护、气候适应能力、水资源韧性、郊野休闲游憩、社区生活圈营造和区域空间协同等 12 个年度重要议题展开。

为使《战略问题研究》更具系统性、广泛性和创新性，实现对裉节问题的深入研究和重点突破，研究采用"院领导领衔、多学科跨界合作、专家全过程指导"的组织模式，全院各部门和骨干力量共同参与，大家集思广益、反复讨论、互相配合，最终形成了报告成果。我们要感谢周振华、张道根、孙继伟、伍江、杨东援、唐子来、诸大建、赵民、张松、黄建中、胡凡、葛寅、王丹、屠启宇、沈桂龙等专家对本报告的慷慨指导和悉心帮助，专家的真知灼见让我们在研究过程中受益匪浅。报告的研究结论仅为一家之言，旨在为上海城市未来发展提供技术支撑，引起社会各界关注，共同探索超大城市治理新路径。希望这份报告可以伴随上海城市发展，立足当下、链接世界、共擘未来。

张 帆

上海市城市规划设计研究院院长、教授级高级工程师

前言

当前，世界百年未有之大变局加速演进，疫情的影响仍然广泛深远，我国仍处于重要的战略机遇期，但也面临着许多前所未有的风险挑战。党的二十大胜利召开，描绘了全面建设社会主义现代化国家的宏伟蓝图，开启了中国式现代化的新时代新征程。上海作为改革开放的排头兵和创新发展的先行者，是世界观察中国的重要窗口，承担着加快建设具有世界影响力的社会主义现代化国际大都市、向世界展示中国式现代化的光明前景的使命任务。

上海始终胸怀"两个大局"，立足"四个放在"，聚焦加快转变超大城市发展方式，城市综合实力和国际影响力显著提升，人民生活水平和社会文明程度迈上了一个新台阶。但在新时代新征程，上海作为一座承担特殊战略使命的城市，无疑需要在既有的基础上，进一步跨越提升，尤其是解决好新旧动能转换还不够顺畅、公共服务水平还不够高、极端情况下城市运行保障和应急管理体系还有待加强等问题。

当"中国式现代化"道路日渐清晰的时候，上海作为中国最大的经济中心城市，应努力贡献更多的上海智慧和上海方案。需要更加坚持"城市是生命体、有机体"的系统观念，在全面提升经济的竞争力、创新力

和抗风险能力的同时，城市要更加安全、更富韧性、更有活力；更加注重人民至上的根本取向，关注最广大人民群众的深层需求，实现人民对美好生活的向往，让城市更加宜居、更有温度；更加聚焦治理效能的全面提升，牢牢把握超大城市治理的特点和规律，探索城市治理现代化、智慧化的道路，实现治理模式创新、治理方式重塑和治理体系重构。

本报告立足战略使命，积极探索中国式现代化的上海方案，把国家战略综合优势更好转化为改革发展胜势；坚持问题导向，准确把握城市发展的阶段性特征，直面城市热点、发展关键和市民关切；秉持国际视野，对标国际标杆，洞察世界城市发展的底层逻辑和路径规律；突出前瞻引领，响应新理念和新模式，寻求空间应对和政策引导。围绕创新之城、人文之城和生态之城三大目标维度，聚焦创新产业、民生福祉、历史人文、气候变化和空间治理等年度重要议题方向，研究谋划今后一个时期的战略举措，以期为加快建设具有世界影响力的社会主义现代化国际大都市提供决策参考。

作　者

目录
CONTENTS

INTRODUCTION

绪论

党的十九大掀开了新时代上海接续奋斗、再创奇迹的新篇章。五年以来，上海城市能级和核心竞争力显著提升，城市软实力全面增强。改革开放再出发步伐显著加快，市域城镇空间格局持续优化，覆盖城乡的公共服务水平不断提升，生态环境持续向好，人民生活水平显著改善。

2022 年是"上海 2035"城市总体规划实施的第五年，也是"十四五"推进的关键之年。上海经历了前所未有的大上海保卫战的考验和洗礼，也展现出了很强的社会经济复原能力，保持了参与全球城市竞争的综合实力。未来五年，是上海全面贯彻落实党的二十大精神，在新的起点上全面深化"五个中心"建设、加快建设具有世界影响力的社会主义现代化国际大都市的关键五年。为持续提升城市能级和核心竞争力，全面提升城市软实力和抗风险能力，不断开创人民城市建设新局面，应始终面向国际、立足全局，清醒把握上海所处的世界方位、时代方位，科学监测城市生命体、有机体的运行体征，系统分析、动态研判上海城市发展的战略导向。

一、上海城市年度运行总体评估

（一）城市建设重要事件

聚焦打造国内大循环的中心节点和国内国际双循环的战略链接，坚决贯彻落实重大战略，主动服务和融入新发展格局。2022 年，长三角一体化发展战略不断向纵深推进，《上海大都市圈空间协同规划》由沪苏浙两省一市政府联合发布，并启动规划实施。长三角生态绿色一体化发展示范区迎来挂牌成立三周年，2022 年推出制度创新成果 39 项，沪苏嘉城际、水乡客厅等重大工程开工建设。浦东打造社会主义现代化建设引领区高起点推进，自贸试验区临港新片区特殊经济功能加速孕育。虹桥国际开放枢纽建设全面启动，持续增强国际中央商务区核心功能，成功举办第五届中国国际进口博览会。**持续践行"人民城市人民建，人民城市为人民"的重要理念，持续推动重大项目实施落地。**上海天文馆、上海图书馆东馆等一批重大文化设施，世博文化公园（北区）和一批城市郊野公园等生态空间相继建成开放。2022 年 7 月，上海完成中心城成片二级以下旧里改造，历史性解决了这一困扰多年的民生难题。**统筹推进疫情防控和经济社会发展工作，实现经济持续健康发展和社会大局稳定。**大上海保卫战取得胜利，中国共产党上海市第十二次代表大会胜利召开。全年经济运行经历平稳开局、深度回落之后，形成了快速反弹、持续恢复、V 形反转、回稳向好的态势。

（二）年度综合运行状况

1. 总体特征

2022 年，上海在各项全球城市榜单中的排名稳中有进，整体排名保持在第二方阵，但在宜居水平、安全韧性等方面与顶级全球城市仍有差距。城市各项指标除个别受疫情影响出现明显波动外，总体运行良好，呈现出了一定的城市风险复原能力。但与此同时，土地资源紧约束和人口规模红利结束等带来的问题和挑战依然严峻，城市公共服务供给的结构性矛盾依然存在，疫情带来的影响还有待持续观察，城市的全维度风险应对能力尚待加强。

综合实力跃上新台阶，保持全球城市网络中第二方阵。 2021 年上海地区生产总值达到人民币 4.32 万亿元，人均地区生产总值达到人民币 17.36 万元（2.69 万美元）。上海在 2020 年世界城市名册（GaWC）中的排名首次上升到第 5 位，在 2021 年全球城市实力指数报告（GPCI）中的排名保持在第 10 位，在全球城市报告（GCR）中的排名上升了 2 位。

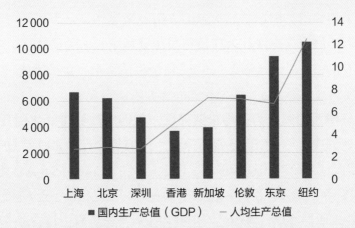

专栏一：上海与国际大都市地区生产总值和人均地区生产总值比较分析

上海地区生产总值在国际大都市排名靠前，人均地区生产总值与其他城市差距显著。 2021年，上海地区生产总值达到 4.32 万亿元，超过北京、深圳、香港和新加坡，仅低于纽约和东京。但人均地区生产总值仅为纽约的 1/5，东京的 2/5，香港的 1/2，同时也落后于北京、深圳等城市。

2021 年主要国际大都市地区生产总值和人均地区生产总值（单位：亿美元 / 万美元）

数据来源：上海市、北京市、深圳市 2021 年统计公报，香港特别行政区统计署，东京都统计网，伦敦数据库（London Datastore），美国商务部分析局，世界银行等。

（注：东京指东京都，包括 23 特别区、多摩地域和南方诸岛。伦敦指大伦敦，包括 33 个次级行政区。纽约指纽约市，包括曼哈顿、布鲁克林区、布朗克斯区、皇后区、斯塔滕岛 5 个市辖区。其中东京和伦敦为 2020 年数据，其余均为 2021 年数据。）

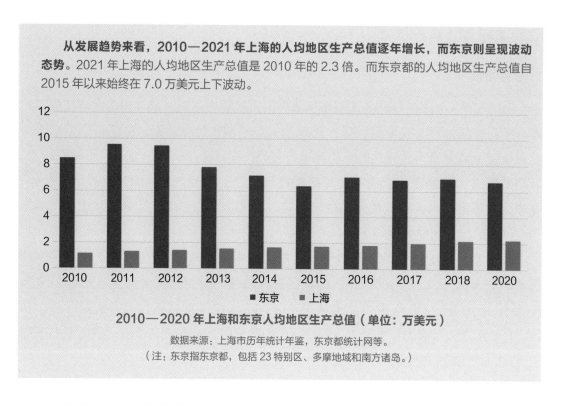

从发展趋势来看，2010—2021 年上海的人均地区生产总值逐年增长，而东京则呈现波动态势。2021 年上海的人均地区生产总值是 2010 年的 2.3 倍。而东京都的人均地区生产总值自 2015 年以来始终在 7.0 万美元上下波动。

2010—2020 年上海和东京人均地区生产总值（单位：万美元）

数据来源：上海市历年统计年鉴，东京都统计网等。

（注：东京指东京都，包括 23 特别区、多摩地域和南方诸岛。）

老龄化和少子化挑战均高于预期，劳动力和岗位数量减少带来的影响值得重视。 2020 年全市 65 岁及以上人口占比 16.3%，已进入深度老龄化社会。全市户籍人口长期处于低生育水平，2020 年 0 ～ 14 岁人口占比仅 9.8%，只有全国平均水平的一半（17.95%），全市总抚养比达到了 49.7%，不仅高于北京（46%），更是接近深圳（25.7%）的两倍。根据第七次全国人口普查显示，全市劳动力人口比十年前减少了将近百万，而且是首次在人口普查里出现负增长。劳动力和就业岗位对城市社会经济的发展和稳定都十分重要，2022 年受疫情影响，全市常住人口和就业岗位数量都一度出现明显下降，这方面带来的后续影响值得重视。

城市资源环境紧约束态势仍将长期存在，用地绩效亟待优化提升。 2021 年上海全市建设用地总规模约 3 085.5 平方千米，较好控制在 3 200 平方千米规划目标内。单位建设用地 GDP 产出逐年提高，2021 年约为 14.0 亿元人民币／平方千米，但与深圳（约 22.5 亿元人民币／平方千米）、香港（约 82.5 亿元人民币／平方千米）等城市的差距并未明显缩小，城市经济密度和投入产出效率仍待快速提升。

专栏二：常住人口、就业岗位和城市交通受 2022 年第二季度疫情影响明显

常住人口和就业岗位呈现下降趋势。根据百度口径，2022 年 8 月，上海全市常住人口和就业岗位相较 2021 年 11 月分别减少 60 万人和 90 万个，降幅分别为 3.0% 和 8.8%。

各类对外交通恢复良好。除航空客流外，高速省界入沪出沪和集装箱吞吐量均已超过 2022 年 2 月份水平，铁路客流在 2022 年 9 月超过 2 月水平，随后 10—11 月有所回落。

城市交通尚未完全达到疫情前水平。轨道客流恢复到疫情前的 88% 左右，中心城快速路交通流量基本接近疫情前水平，越江桥隧交通流量已超过疫情前水平。

2022 年上海各类对外交通流量统计

时间	高速省界入沪		高速省界出沪		航空客流	集装箱	铁路客流
	工作日（万车）	非工作日（万车）	工作日（万车）	非工作日（万车）	月吞吐量（万人次）	月吞吐量（万 TEU）	月吞吐量（万人次）
2 月	17.3	16.7	15.5	13.9	469.7	381	1 039
3 月	10.4	7.8	11.2	7.9	170	410	359
4—5 月封控期	2.7	2.7	3.0	3.0	10	479	66
6 月	9.5	8.3	9.9	7.9	30	379	222
7 月	15.7	15.9	15.8	13.9	194	430	665
8 月	18.7	19.8	19.7	18.4	374	417	1 061
9 月	20.7	19.1	21.9	18.3	348	386	1 149
10 月	18.8	16.6	18.0	15.2	316	419	938
11 月	18.9	17.8	18.7	16.0	287	411	709
11 月 /2 月	109.1%	106.8%	120.2%	115.5%	61.1%	107.9%	68.2%

2022 年上海各类城市交通流量统计

时间	轨道客流（万人次）		中心城快速路流量（万车次）		越江桥隧流量（万车次）	
	工作日	非工作日	工作日	非工作日	工作日	非工作日
2 月	1 162	674	204	192	170	143
3 月	645	272	144	111	120	84
4—5 月封控期	7	7	22	22	10	10
6 月	657	292	171	141	139	104
7 月	824	382	185	164	152	122
8 月	936	487	196	182	169	141
9 月	1 030	595	201	189	176	150
10 月	974	534	189	180	169	146
11 月	1 022	577	199	194	175	153
11 月 /2 月	87.9%	85.6%	97.9%	101.0%	102.9%	107.0%

2. 创新之城建设："五个中心"目标如期实现，但核心功能"量"强"质"弱的现象依然明显

上海国际经济、金融、贸易、航运中心基本建成，具有全球影响力的科技创新中心形成基本框架，但核心功能"量"强"质"弱的现象依然明显，文化影响力、人才吸引力等城市软实力有待提高。

一是国际金融中心地位需进一步夯实。 2022 年上海在 GFCI（全球金融中心指数）中的排名由 2020 年的第 3 位持续回落至第 6 位，金融企业集聚能级和全球服务辐射能级存在较大差距，如跨国金融企业总部数不到伦敦的 1/3 和香港的 1/2。

二是国际贸易中心在规模总量上名列世界前茅，但在总部型机构数量和能级上仍有差距。 2022 年世界 500 强企业总部上海仅有 12 家，远低于北京（54 家）和东京（36 家）。

三是国际航运中心建设在集装箱吞吐量达到世界第一后，进一步向国际化高附加值航运服务延伸面临瓶颈。 2021 年，上海国际航运中心排名稳居全球前三，但航运金融交易规模占比不足全球的 1%，国际海事仲裁量不到伦敦的 5%。

四是重大科技基础设施投入明显，但创新型头部领军企业和顶尖人才缺乏，创新转化能力不强，已成为制约具有全球影响力的科技创新中心建设的关键因素。 2021 年，上海建成和在建的国家重大科技基础设施达 14 个，研发与转化功能型平台达 15 个，设施数量、投资额和建设进度均领先全球。但在 2021 年全球人才竞争力指数（GTCI）中，纽约、伦敦、新加坡排名前三，上海的排名相比 2020 年大幅下降 45 位，在 155 个城市里仅排名 77 位。在上海大都市圈层面，上海在专利授权量和技术密集型企业数量两个指标上仅居次席，落后于苏州（见图 0-1、图 0-2）。

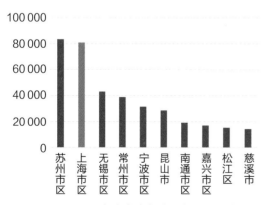

图 0-1　2020 年上海大都市圈部分单元专利
授权量（单位：个）

（数据来源：上海大都市圈各城市 2021 年统计年鉴）

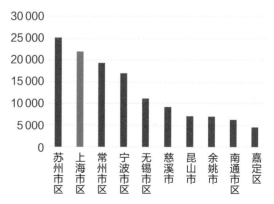

图 0-2　2020 年上海大都市圈部分单元技术
密集型企业数量（单位：家）

（数据来源：《上海大都市圈城市指数 2022》）

3. 人文之城建设：人居环境品质不断提升，但基本公共服务供给结构性矛盾依然存在

上海的城市人居环境品质不断提升，市民获得感、幸福感、安全感持续增强，但公共服务供给不平衡不充分矛盾依然存在。

一是国际文化大都市建设彰显成效，但在各类高等级公共服务设施规模数量上仍存在明显短板。尤其是每十万人拥有的博物馆、图书馆、演出场所、美术馆或画廊数量距离伦敦、纽约、巴黎等对标城市差距明显。

二是社区公共服务设施15分钟覆盖率持续提升，但空间分布不均衡，新城、新市镇服务覆盖率明显低于中心城。2021年，中心城卫生、养老、教育、文化体育等社区公共服务设施的15分钟步行可达覆盖率已达九成以上，但新城的覆盖率只有77%，郊区新市镇的覆盖率更低（见表0-1）。其中，0～3岁孩童的普惠型公办托育服务供给缺口较大，中心城养老床位"一床难求"，社区养老服务设施存在结构性不足的问题。

表0-1　2021年上海市中心城、主城片区、新城社区公共服务设施15分钟步行可覆盖率比较表

序号	区域		合计覆盖率（%）
1	中心城		96
2	主城片区	宝山片区	92
		虹桥片区	79
		闵行片区	87
		川沙片区	89
		高桥片区	66
3	新城	嘉定新城	89
		青浦新城	93
		松江新城	82
		奉贤新城	81
		南汇新城	68
4	其他地区		78
5	总体		86

三是郊区基本医疗卫生资源存在明显短板，在上海大都市圈中排名落后。2020年，上海市每千人拥有执业（助理）医师数为3.3名，在上海大都市圈[1]9个城市中仅列第4位。嘉定、奉贤、青浦和松江四区的每千人拥有执业（助理）医师数更低，仅为1.5～2.3名，在上海大都市圈40个区县单元中排名最后（见表0-2）。

---

[1]　本书中涉及上海大都市圈范围包括上海市、无锡市、常州市、苏州市、南通市、宁波市、湖州市、嘉兴市、舟山市。

表 0-2　2020 年上海大都市圈 40 个单元每千人拥有执业（助理）医师数（单位：名／千人）

序号	区县单元	每千人拥有执业（助理）医师数
1	上海市区	4.29
2	宁波市区	3.94
3	舟山市区	3.73
4	无锡市区	3.55
5	嘉兴市区	3.50
6	湖州市区	3.41
7	嵊泗县	3.34
8	象山县	3.31
9	宜兴市	3.22
10	南通市区	3.10
11	张家港市	3.09
12	苏州市区	3.04
13	崇明区	3.02
14	长兴县	3.02
15	宁海县	3.02
16	金山区	2.96
17	江阴市	2.94
18	常州市区	2.93
19	海盐县	2.86
20	平湖市	2.83
21	如东县	2.82
22	溧阳市	2.80
23	常熟市	2.78
24	海安市	2.77
25	余姚市	2.72
26	如皋市	2.72
27	嘉善县	2.64
28	太仓市	2.62
29	昆山市	2.59
30	德清县	2.58
31	慈溪市	2.48
32	启东市	2.48
33	安吉县	2.46
34	海宁市	2.43
35	岱山县	2.43
36	桐乡市	2.37
37	嘉定区	2.30
38	奉贤区	2.23
39	青浦区	1.90
40	松江区	1.50

（数据来源：上海大都市圈 9 个城市 2021 年统计年鉴）

四是老旧住房更新改造任务仍然艰巨。当前，全市 2000 年以前建成的住房占到了总量的 30% 以上，其中以老公房、售后公房为主的老旧住房的建筑面积超过 1 亿平方米。针对老旧住房尚缺少相关顶层政策设计和分类对策措施，给老旧住房的持续更新带来挑战。

4. 生态之城建设：生态底板持续锚固，但城市综合防灾和应急处置能力需持续提升

上海的生态环境建设展现新面貌，空气和水环境质量均创有历史监测记录以来最好水平，污染防治攻坚战阶段性目标全面实现。但在"碳达峰、碳中和"要求下，绿色低碳发展水平和城市安全韧性仍需提升。

一是低碳减排在上海大都市圈层面总体处于中上水平，但实施难度逐年提升，能源结构进一步优化的难度增加。全市地区生产总值单位能耗下降明显，但 2021 年单位能耗（0.28 吨标准煤／万元）距离与 2035 年的目标值（0.22 吨标准煤／万元）仍有不小差距（见图 0-3）。

二是生态结构持续向好，但依然存在生态空间布局不均、质量不高等问题。2021 年全市森林覆盖率达到 19.42%，人均公园绿地面积达到 8.7 平方米，城市生态空间持续增加。但与此同时，紧邻中心城的生态间隔带和近郊绿环的森林覆盖率增幅连续几年低于全市平均水平，建设用地占比仍居高不下，已建生

吨标准煤 / 万元

图 0-3　2016—2021 年上海单位地区生产总值能耗

态空间网络不成形、连通性差、与城镇生活空间的结合度弱，整体建设质量不高。
中心城各区及嘉定、宝山的公共绿地增幅相对较小，中心城浦西地区和中心城外大
型居住社区仍存在不少公园绿地覆盖的盲区。郊区骨干绿道实施率普遍较低，且在
公共交通可达性、功能丰富性等方面有较大改善空间（见图 0-4 ）。

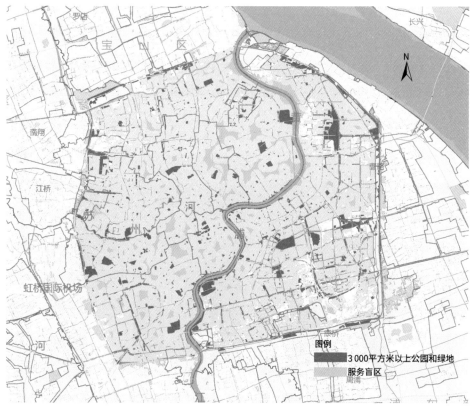

图例

■ 3 000 平方米以上公园和绿地
■ 服务盲区

图 0-4　2021 年中心城 3 000 平方米以上公园绿地覆盖盲区示意

三是污染防治攻坚战阶段性目标全面实现，但生态环境持续改善的难度逐渐变大。 2021 年全市 $PM_{2.5}$ 年均浓度降至 27 微克／立方米，较 2020 年下降 15.6%，如期消除劣 V 类水体，全市生态环境质量持续改善。但现有污水处理设施及管网能力存在不足，易出现部分河道遇雨即黑、降雨即污的现象。湿垃圾、危废等固废处理处置能力仍需进一步提升。

四是韧性城市建设有序推进，但城市综合防灾和应急处置能力需持续提升。 原水水质受上游来水影响较大，水源地水质水量仍有风险隐患，天然气外部依存度高，能源、水资源供给保障与风险应对能力需要提升。城市绿地、公共设施等应急避难作用尚未得到发挥，应急防灾的系统性、综合性有待加强。

5. 市域空间体系：空间格局持续优化，但"一极集中"依然突出

以"中心辐射、两翼齐飞、新城发力、南北转型"为引导，上海的市域空间格局持续优化，但"一极集中"依然突出。"五个新城"与中心城相比在人口密度和城市功能方面存在较大发展落差，乡村地区发展现状与上海国际大都市定位严重不符。虽然综合交通体系不断完善，但部分地区职住不平衡的现象依然明显。

一是新城在人口集聚、综合交通、产业能级和城市品质方面均亟待提升。 新城的现状人口密度（0.58 万人／平方千米）尚不足 2035 年规划（1.2 万人／平方千米）的一半（见图 0-5），交通枢纽对外联系频次和能级较低，且与公共活动中心的结合度不够，枢纽功能不强已成为新城建设独立综合性节点城市的瓶颈。新城的产业准入门槛总体较低，缺少区域辐射性强的高端功能和头部企业，全市上市公司中位于新城的不足一成。新城现状城市风貌品质与规划目标定位差距较大，环境建设、配套设施与住宅开发时序不同步。

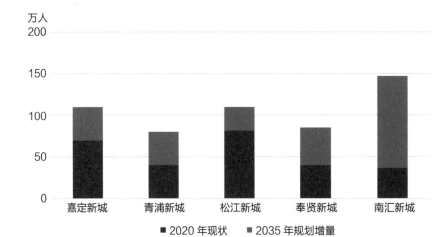

图 0-5　2020 年上海市新城现状与 2035 年规划常住人口规模情况

二是积极实施乡村振兴战略，但郊野地区休闲游憩功能的潜力尚未得到充分挖掘。 2021 年，全市评定了 46 个市级美丽乡村示范村，有序推进农民相对集中居住，共完成 1.4 万户完成农民相对集中居住签约。但现状对郊野空间资源的利用和挖掘不足，乡村的经济价值、生态价值和美学价值还没有充分体现，建设宜居宜业和美乡村尚需时日。郊野休闲游憩功能与服务的品质不高，也无法满足广大市民对亲近自然的美好生活的需求。

三是综合交通体系不断完善，但"站城融合"理念尚未充分落实，部分地区职住不平衡现象明显。 市域线和局域线建设起步较慢，导致轨道交通网络效益发挥受限。"站城融合"理念有待落实，综合交通枢纽尚未发挥促进枢纽经济发展的作用。主城片区和新城内的轨交站点 600 米空间覆盖率不足 10%，部分主城片区内部通勤比例过低，内外环间、北部地区的职住不平衡现象依然明显。

（三）年度舆情关注

1. 总体受关注度：位列国内城市前列，受疫情影响明显

根据互联网搜索指数发现，上海的国外关注度整体高于北京、广州、深圳、杭州等城市，国内关注度与北京相当并高于其他主要城市（见图 0-6），与全球城市"榜单"情况总体一致。

从关注来源地看，国内最关注上海的其他城市依次为北京、苏州、杭州、深圳、南京；国外最关注上海的前五位为新加坡、老挝、日本、柬埔寨、缅甸，均为亚洲国

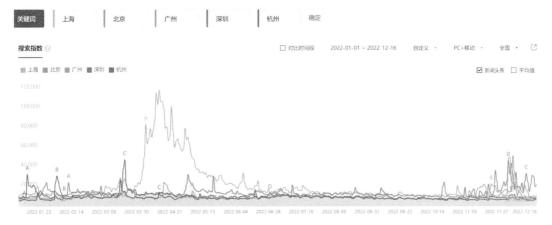

图 0-6　2022 年 1 月 1 日至 12 月 16 日上海、北京、广州、深圳、杭州百度搜索指数[2]

---

[2] 百度搜索指数即互联网用户对关键词搜索关注程度及持续变化情况。算法说明：以网民在百度的搜索量为数据基础，以关键词为统计对象，科学分析并计算出各个关键词在百度网页搜索中搜索频次的加权。本次分析选择数据包括为 PC 搜索指数和移动搜索指数。

家。从变化趋势看，上海的关注度在 3 月至 6 月期间显著升高，到 11 月至 12 月再度略微升高，总体上与本年度疫情发展态势有关。

2. 重点受关注领域：疫情防控及城市重大战略与政策

2022 年，上海在城市发展领域最受关注的是**疫情防控**及与之相关的社会、经济要素，包括核酸检测、方舱医院、供应链、小微企业、居委会等。**数字化转型、城市更新、长三角一体化**等重大战略与政策，以及上海作为**超大城市**的高质量发展水平、**总体影响力与城市软实力**，也是媒体报道与学术研究的重要议题。

社会媒体报道情况显示，市民保持着对**苏州河、营商环境**的热切关注，相对 2021 年，市民对新城建设、城市品格等关注度有所降低（见图 0-7）。学术期刊论文情况显示，**产业链、供应链、乡村振兴、科技创新、碳中和、轨道交通、生活圈**等上海主要发展导向和城市建设重点，是学者们在城市运行规律与政策研究领域的热点内容（见图 0-8）。

图 0-7　2021 年、2022 年上海相关 CNKI 报刊媒体关键词情况

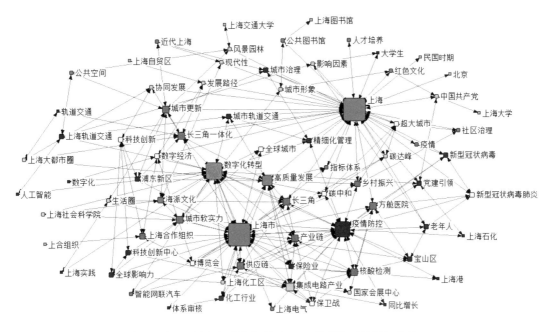

图 0-8　2022 年上海相关 CNKI 学术期刊关键词网络

二、全球城市发展热点观察

当前，全球各大城市正在激烈的竞争格局下开展创新性的规划实践。新冠疫情突发加速了全球城市在深度全球化、信息化、扁平化趋势下的发展模式转型，世界政治格局动荡叠加第四次工业革命，正在重构全球能源资源供应格局和生活生产要素战略布局，同时应对全球气候变化业已成为全人类的共识性行动。这一切都在深刻影响着全球城市的发展重点和方向，并重塑着国际城市规划领域的目标理念、技术方法和实施路径。

总结**纽约、巴黎、伦敦、东京、新加坡、旧金山、香港、悉尼、首尔**等九大顶尖全球城市及其都市圈近两年的城市规划建设动态，以下六个研究与实践重点领域值得上海关注。

（一）永续：全球气候变化的全面空间响应

全球城市正在积极将"气候雄心"转化为实际的规划行动。在总体层面，绘制"碳中和"路线图并开展气候专项规划编制，加强气候变化趋势监测预警和灾害风险评估，将应对气候变化的目标全面纳入各层级空间规划的编制、审批、实施、监测等全过程。在行动层面，探索气候目标下空间规划的能源、交通、建筑、防灾等关键领域和新技术方法，制定减少碳排放和应对关键气候风险的具体政策框架和行动指南，探索资源要素全循环的新发展模式和基于自然的风险应对方案。

（二）韧性：后疫情时期的城市规划反思

全球各大城市在紧急应对疫情及政治格局动荡的同时，也面临着诸多城市运行挑战，纷纷关注到了疫情影响下的活动、就业、商业、住房空间的需求变化，以及能源与粮食危机下城市面临的挑战，并开展及时持续的监测研究。为助力城市经济复苏，提升城市全维度韧性，各大城市在空间治理方面反应迅速：一是更关注街道，为慢行及公共活动提供用途管制支撑；二是更关注社区，及时推出社区恢复性计划；三是更关注健康，及时完善城市规划技术体系；四是更关注安全，为能源、资源和食品的本地化、就近化供给提供空间支撑。

（三）增长：新经济竞争与城市发展新引擎

为尽快复苏受疫情重创的经济体系，并积极投入新一轮全球经济与科技竞争大局，各大城市正在想方设法寻找经济增长新锚点，开辟绿色经济、数字经济新赛道，提升经济系统多样性。一方面，通过空间战略优化，建设新兴创新功能区，挖掘建成区价值再造空间，不断提升城市核心功能承载力；另一方面，通过提升办公空间可负担性与选址灵活性，增加就业与生活空间的混合度，营造共享实验室等新型创新空间，扶持创新型中小企业，鼓励更灵活的经济模式。

（四）包容：创造供所有人栖居的城市

全球城市正在越来越强调"包容"和"公正"的核心发展理念，将"人"作为每一个独特个体来看待。在具体规划行动上，更加关注儿童、高龄者、无家可归者、残障人士等弱势群体，以及外国人、青年人、关键岗位人群、商旅人士等特殊人群的差异化、多样化需求，加强更细化、精准匹配的住房需求保障，以强制性的功能混合要求及高标准、特殊性的服务设施配置，提供更多样包容的社区空间。

（五）宜居：美好生活空间的精细化营造

为了充分满足美好生活的需求，全球城市从未停止过提升空间品质的脚步。近年来，普遍重视灵活性、参与式的公共空间优化与场所营造，持续提升"慢行交通"在城市中的主导性和友好性。通过加强城市更新中历史文脉的延续，注重历史文化遗产的活化利用和功能升级，重视本土文化的要素挖掘和空间承载，精心打造亲近自然的绿色空间与滨水空间，彰显城市文化价值与宜居品质。

（六）未知：未来城市图景的超前谋划

率先探索新技术、新理念、新模式在城市规划中的应用，是全球城市的责任与使命。近年来，各大城市进一步重视城市的数字化转型，关注技术赋能下的新居职模式变化，致力于打造更好为人服务的数字孪生城市，积极探索虚实融合的城市空间新场景，不断增强交通网络的智慧互联与协同共享，为更绿色、超高效、全共享的交通模式做好准备。

三、上海城市发展战略导向与议题选取

面向未来，围绕建设具有世界影响力的社会主义现代化国际大都市的总体目标，上海应充分把握本质规律、回应民众关切、顺应国际大势，在五个方面加强前瞻谋划，先行探索出一条超大城市推进中国式现代化的新路径。

（一）关注新一轮全球经济竞争机遇期，为产业新赛道创造承载空间

从全球发展趋势来看，第四次工业革命进入加速期，世界政治格局的重构也在影响着全球产业链供应链的总体格局，对于全球各国和城市来说，当前已进入新一轮的经济竞争战略机遇期。上海要在实现高水平科技自立自强中当好先行者、开拓者，首先必须要在新一轮经济竞赛中突出重围、弯道超车，为数字经济、生命经济等产业新赛道的发展预留空间，建设大中小企业融通共生的新经济创新生态系统，强化创新引擎周边地区的创新孵化转化功能，增强产业用地功能混合与空间复合利用，打造全域泛在的城市生活实验室。同时，重视高端制造业发展的战略要求，通过交通枢纽经济辐射、低成本办公空间供给、保障性住房建设、公共服务能级和环境品质提升，为地区中心和新城产业能级提升持续赋能。

（二）关注后疫情时期城市综合运行变化，提升空间治理韧性水平

后疫情时期，全球城市在常态化应对健康安全风险的同时，也面临着全球政治格局动荡叠加带来的城市安全挑战，上海未来的可持续发展离不开更高水平的空间治理能力。**在都市圈层面，需要依托有效的空间协同机制。**通过城市间生产生活要素的合理组织与高效流动，提升对短期灾害冲击的抵御与复原能力，通过落实共识性底线空间和协调城市间的重大安全问题，提升对长期风险压力的适应与减缓能力。**在城市层面，需要建立经济、社会、生态全维度的城市韧性体系。**其中，包括空间环境和基础设施系统本身的抗风险能力和复原能力，空间监测、运营与治理模式以及政策体系的完善性和多情景适应性。**在社区层面，则需要完善结构更均衡、责权更明晰、参与更**

充分的基层治理模式。以"社区生活圈"为核心协同营造上海的基层生活空间与治理单元，探索街道与居委会之间的中间治理层次，实质性地统筹辖区内属地资源，建立上下联动的新型社区规划模式，打造全过程人民民主的最佳实践地。

（三）关注超大城市人口多样化、多层次需求，创造开放共享的生态人文环境

全球城市以超大人口规模和"多样化"的人群为特征，其竞争力和创新力也在于此。上海未来要跻身顶级全球城市行列，亟待以更高水平、更精细化的城市综合服务，不断满足不同人群的特色需求，积极增进更广大市民的民生福祉，建设好属于人民、服务人民、成就人民的城市。**为营造更具幸福感的生活和工作环境**，一方面应提升空间公平性，依托轨道交通继续强化城市副中心、主城片区、新城地区的就业和高等级公共服务设施引导；另一方面应提升系统包容度，进一步加强对实际服务人口，特别是关键岗位就业人口的住房和生活服务保障力度。**为增强市民文化自信**，应把城市精神品格作为文化建设源动力，要进一步筑牢"保护优先"的共识，提升全市历史文化名城保护统筹协调能级，强化长三角文化保护的协同机制，完善针对关键问题和特色文化遗产的政策法规体系，让文化更好为城市发展添彩赋能。**为满足市民日益增长的亲近自然的美好需求**，应优化全域公园、森林、湿地的系统布局，加强各类郊野休闲游憩空间资源功能培育和品质提升，打造"链接自然的城市"。

（四）关注气候变化整体趋势与风险影响，加强政策体系建设与基础设施保障

当前全球气候变化给城市带来的挑战已经不容小觑，频繁多发的极端气候事件已切实影响到城市能源、水务、应急、卫生等系统的正常运转，并威胁到市民的生命健康安全。上海作为超大型都市密集区域，具有较高的气候脆弱性，在国土空间方面积极应对气候变化已经刻不容缓。**首要任务应是将应对气候变化的目标全面纳入当前城市规划、建设和管理的政策体系之中**，重视本地化的气候风险监测与评估，积极整合空间规划、气候科学、水务海洋、应急管理等跨领域部门力量，并在此基础上推动气候适应性专项规划的编制和实施。**其次是在行动领域强化韧性城市目标下的基础设施保障**，包括积极推动能源结构的绿色化、本地化转型，进一步保障水资源的供给安全，加快探索基于自然的防洪除涝方法，实施全方位的城市降温策略、近海岸线地带的综合防护手段，积极应对业已凸显的暴雨洪涝、高温热浪等城市风险。

（五）关注数字技术对城市发展模式的重大影响，加快以人民为中心的城市数字化转型

数字化是新时代推动经济社会发展的核心驱动力，正以不可逆转的趋势改变着

人类社会的日常运转与治理模式，已成为当前世界主要国家和地区优先发展的战略导向。全面推进数字化转型是上海面向未来保持和强化城市核心竞争力的关键之举，应在智能设施建设的基础上，加快技术与城市功能的有机融合，实现"经济、生活、治理"的整体性转型。**经济数字化转型方面**，要加强对集成电路、人工智能、在线新经济等数字经济产业的土地供给和政策支持，通过数字化应用场景的系统化布局，推动新技术产品的迭代升级，并加快数字技术赋能传统产业，提高经济发展质量。**生活数字化转型方面**，通过智慧便捷的数字化服务，扩大基本公共服务设施的共享范围，提升供需匹配度与空间均衡度，通过虚实相融的元宇宙平台，弥合空间鸿沟，跨越时间阻隔，增加全新的生活模式与文化体验选择，满足人民对美好生活的新期待。**治理数字化转型方面**，通过建设数字孪生城市，精准监测人民城市的运行状况和生命体征，开展仿真模拟预测，提升城市风险预警能力，优化资源统筹调度与规划决策，助力城市运行脱碳化、循环化，实现对超大城市空间要素与数据资源的高效协同治理。

本报告立足全球城市发展目标，从创新之城、人文之城和生态之城三个分目标，聚焦都市圈、市域、社区三大空间治理层次，关注现阶段重点问题，把握全球发展大势，重视舆情关注领域，从城市战略规划维度，围绕 12 个议题具体开展研究。

新经济背景下，科技创新回归中心城趋势不断凸显，数字经济、生物经济、绿色经济成为全球城市产业竞争重点领域。主城区作为上海全球城市核心功能承载区，仍然存在科技创新策源与转化能力不强、科创与产业要素空间耦合程度不高、面向未来的应用场景不够丰富等问题。围绕建设具有全球影响力的科技创新中心目标，上海主城区应进一步发挥科创资源要素集聚优势，通过特色产业园区的政策叠加，加快布局新领域新赛道，塑造发展新动能新优势，构建面向新经济的创新生态系统。建议：一是围绕创新引擎机构优化主城区内特色产业园区布局，促进创新要素与特色产业之间深度融合；二是加快主城区产业用地政策创新，探索新型产业用地的本土模式；三是强化数字赋能与场景营城，增加新经济应用场景；四是加强多部门、多主体协同，强化新经济发展战略指引与政策合力。

CHAPTER 1

第一章

优化主城区创新生态系统，
强化新经济发展动能

当前，全球经济发展进入第四次工业革命战略机遇期，以数字经济、生物经济、绿色经济为代表的新经济已成为全球城市科技创新与产业竞争的重点领域。纽约、伦敦、东京等城市充分发挥中心区人才、科研机构、风险资本等要素集聚优势，加快打造面向新经济的创新城区，通过构建创新生态系统、优化创新要素布局、增加创新服务平台供给、打造创新应用场景，促使新产业、新业态、新模式的不断涌现。上海主城区作为全球城市核心功能承载区，需要对标全球城市，加快布局新领域新赛道，塑造发展新动能新优势，不断优化创新空间布局，打造新经济创新生态系统，助力上海加快实施创新驱动发展战略。

一、新经济背景下的城市创新空间趋势

"新经济"是在新一轮科技革命背景下，由信息技术带动、以高新科技产业为龙头的经济模式。区别于主要依托大型科研机构和龙头企业的自上而下的封闭式创新系统，**新经济的创新模式是市场导向的、开放式的，且依赖于产学研用高度协同、大中小企业融通共生的"热带雨林"式创新生态系统**。这种城市创新生态系统包括创新要素的高度集聚、创新环节的紧密连接、创新产品的快速应用，在创新空间上呈现出**区位中心化、要素集群化、用地混合化、场景遍在化**的总体趋势。

（一）创新要素集聚的全球城市中心区成为新经济发展主阵地

科技型企业与创新人才回归全球城市中心区，在政府助力下形成多种类型的创新城区。**一方面**，新经济企业需要靠近主要集聚于中心区的创新引擎机构和大型风险资本市场，与庞大的客户群体、创意设计师之间开展紧密互动，实现新产品的研发、应用和新企业的孵化、成长；**另一方面**，创新人才更加偏向于中心区可提供的多样化生活体验，高密度的产业网络也能够促进人才间的技术与商业信息交流。

（二）围绕创新引擎机构营造创新生态圈成为全球城市主流趋势

大学、科研机构、医院、科技领军企业等创新引擎机构是新经济产生的源头，全球城市积极依托这些机构及其邻近地区构建创新生态网络，实现科学、技术的产业化过程。例如，纽约为强化科技创新功能，实施了"应用科学"计划，在曼哈顿地区引入康奈尔大学，打造罗斯福岛科技园区。波士顿围绕位于中心区位的麻省理工学院打造以信息技术与生命健康为特色的肯德尔广场创新区，并在医院集聚的长木地区打造医学创新区。谷歌、亚马逊等科技领军企业带动伦敦市中心的国王十字车站地区、西雅图老城南湖地区的城市更新，促进创新生态形成。

（三）新经济产业空间呈现小型化、混合化趋势

新经济的孵化与转化需要大量紧邻引擎机构的嵌入式创新服务空间。 由创新引擎机构（大学、科研机构、高等级医院、科技领军企业等）和大量的初创企业形成"热带雨林"式创新系统是新经济发展的重要支撑。纽约、伦敦、旧金山等为强化城市创新生态系统，在中心区布局了大量的孵化器、加速器、共享办公、共享实验室等设施，为初创企业提供低成本、便利的成长空间。**新经济各环节一体化的布局需求依赖于更混合化的土地利用方式。** 新经济的研发与生产功能需要联动整合，例如新型生物药 CAR-T[1] 细胞药物是目前生物医药产业最热门的领域之一，其生产环节以小规模的实验室制造为主，质粒载体、病毒载体、CAR-T 细胞制备流程都需要分析、检测等技术支撑，因此更加强调研发与生产的一体化布局；以定制化为特征的时尚消费品等新都市制造企业则需要设计、生产与零售的混合布局模式，以及提供 3D 打印服务的共享实验室。纽约、伦敦近年来都在积极探索工业用地垂直复合化、功能混合化布局新模式，尝试取消小规模、无污染生产与办公、商业、居住等功能的混合限制。

（四）新经济产品的快速应用需求推动城市空间成为面向未来的"生活实验室"

元宇宙、人工智能、区块链等新经济领域的核心技术需要快速应用，以实现海量使用数据的获取和产品技术的迭代升级，从而促使虚拟空间与实体空间交叠、融合、嵌入，形成多样化、虚实融合的创新场景。多个全球城市中心区正在加快布局城市生活实验室，成为各种创新场景的试验场。例如，东京为落实日本"社会 5.0"战略，选定了都心大丸有、西新宿、临海副都心等各具特色的"智慧东京先行区"，针对政务、教育、商办、文化娱乐等不同服务领域的社会化应用场景进行试验。首尔推出了元宇宙五年规划，设置了文旅、教育、金融、政务等不同类型的创新应用场景。哥本哈根聚焦绿色低碳，打造城市解决方案实验室。

二、基于新经济需求的上海主城区创新发展现状

围绕建设具有全球影响力的科技创新中心的总体目标，"上海 2035"提出建设

---

[1] Chimeric Antigen Receptor T-Cell Immunotherapy，嵌合抗原受体 T 细胞免疫疗法。在实验室，技术人员通过基因工程技术，将 T 细胞激活，并装上定位导航装置 CAR（肿瘤嵌合抗原受体），将 T 细胞改造成 CAR-T 细胞，利用其"定位导航装置"，专门识别体内肿瘤细胞，并通过免疫作用释放大量的多种效应因子，高效地杀灭肿瘤细胞，从而达到治疗恶性肿瘤的目的。

张江综合性国家科学中心以及创新功能集聚区、复合型科技商务社区、嵌入式创新空间等多样化的科技创新空间。主城区是上海全球城市核心功能的承载区，也是上海创新功能提升的主战场。对照新经济发展的空间需求，上海主城区的创新发展当前仍存在科技创新策源与转化整体能力不强、特色产业园区与创新要素空间耦合程度不高、面向未来的应用场景不够丰富等问题。

（一）主城区初步形成创新生态系统，但整体创新能力有待提高

上海主城区已集聚大量大学、科研机构、重点实验室等创新策源机构，企业技术中心、外资研发机构等应用研发机构，以及众创空间、孵化器、加速器[2]等创新孵化机构（见图1-1、表1-1），是上海创新发展的主阵地，也应该成为"十四五"期间以及今后较长时间上海把握新经济发展机遇、发挥"热带雨林"式创新生态系统能效的主要区域。

从城市总体创新能力来看，上海在创新策源、创新转化、创新孵化等环节与北京、深圳相比仍存在一定差距。创新策源能力方面，研发投入和研发产出均明显落后于北京和深圳。成果转化能力方面，技术合同成交额远远落后于北京（见表1-2），大学科技园区关键指标与北京相比也存在较大差距，大学的企业孵化带动作用还有

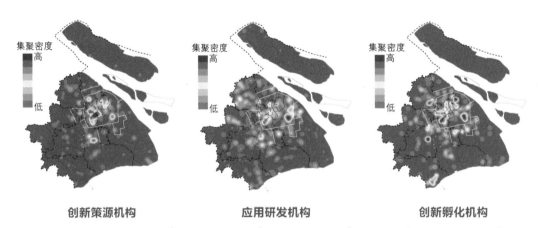

创新策源机构   应用研发机构   创新孵化机构

图1-1 上海创新策源机构[3]、应用研发机构[4]、创新孵化机构[5]空间集聚（3000米核密度）情况

（数据来源：上海市科学技术委员会）

---

[2] 根据科技部火炬中心及各省、市相关规定，众创空间、孵化器、加速器是服务于创新企业不同成长阶段的服务载体，在运营时间、服务场地面积、工位个数、入驻企业数、服务人员数、培训活动数量、服务体系等方面具有不同的认定标准。众创空间主要服务于运营时间满18个月的大众创新创业者；孵化器主要服务于成立时间不超过24个月的科技型创业企业；加速器主要服务于有一定规模的快速成长科技企业。

[3] 大学、科研机构、重点实验室。

[4] 企业技术中心、外资研发机构。

[5] 众创空间、科技孵化器、科技加速器。

较大提升空间（见表1-3）。孵化加速能力方面，众创空间、孵化器的数量、场地面积、企业数量、资源投入、绩效等指标均落后于北京和深圳，孵化器的产业针对性不强，整体质量等级不高（见表1-4、表1-5）；加速器空间尚缺乏明确政策引导，针对企业成长阶段的服务体系还不够完善。

表1-1 各类创新要素在全市各圈层的分布比例

圈层		高校	科研机构	重点实验室	企业技术中心	外资研发机构	众创空间	孵化器	加速器
主城区	中心城	48%	67%	69%	38%	48%	33%	41%	46%
	主城片区	4%	12%	24%	12%	12%	21%	14%	15%
	小计	52%	79%	93%	50%	60%	54%	55%	61%
新城		19%	9%	3%	16%	12%	12%	13%	8%
其他		29%	12%	4%	34%	28%	34%	32%	31%

（数据来源：上海市科学技术委员会）

表1-2 京沪深核心创新指标比较（2021年）

城市	创新策源				创新转化
	研发投入		研发产出		
	研发投入强度（%）	基础研究投入仅占全社会研究与试验发展（R&D）经费比例（%）	每万人发明专利拥有量（件）	PCT国际专利申请量（件）	技术合同成交额（亿元）
北京	6.53	16.1	185	10 358	7 005.7
上海	4.21	8	69	4 830	2 761.3
深圳	5.49	7.25	112	17 443	1 588.6

（数据来源：2021年全国科技经费投入统计公报、2021年深圳市科技经费投入统计公报、2021年上海市国民经济和社会发展统计公报、2021年北京市国民经济和社会发展统计公报、2021年深圳知识产权白皮书、中国科学技术部火炬中心网站）

表1-3 京沪深大学科技园主要数据比较（2020年）

城市	大学科技园数量（个）	场地面积（平方米）	在孵企业（个）	从业人员数（人）	累计毕业企业（个）
北京	15	871 052	1 284	12 164	2 679
上海	13	424 082	977	8 215	1 232
深圳	1	68 000	100	2 050	314

（数据来源：《中国火炬统计年鉴2021》）

表 1-4　京深沪众创空间主要数据比较（2020 年）

城市	众创空间数量（个）	提供工位数（个）	创业团队人员数（人）	新注册企业数（家）	创业导师人数（人）	众创空间总收入（千元）
北京	232	144 548	92 659	5 862	8 589	5 415 419
深圳	316	74 403	17 462	1 862	4 348	1 465 116
上海	144	44 866	11 457	1 516	3 355	649 780

（数据来源：中国火炬统计年鉴 2021）

表 1-5　京深沪科技孵化器主要数据比较（2020 年）

城市	孵化器数量（个）	场地面积（平方米）	在孵企业（个）	在孵企业从业人员数（人）	累计毕业企业（个）	孵化基金总额（千元）	创业导师人数（人）	孵化器总收入（千元）
北京	246	3 995 764	13 008	180 385	21 414	22 373 818	2 370	2 378 428
深圳	207	4 397 091	6 971	123 440	8 225	14 728 908	1 881	4 043 253
上海	165	2 167 851	7 427	74 828	4 064	4 513 348	1 212	1 162 910

（数据来源：中国火炬统计年鉴 2021）

（二）主城区特色产业园区与创新要素空间耦合程度不高，混合型产业用地缺乏制度支撑

"十四五"以来，上海提出"3+6"主导产业方向，加快布局数字经济、绿色低碳、元宇宙、智能终端等产业新赛道与未来健康、未来智能、未来能源、未来空间、未来材料五大未来产业集群，先后发布了 3 批共 53 个特色产业园区，作为新经济的产业承载空间（见图 1-2）。主城区范围内，目前已设立数字经济、人工智能、元宇宙、在线新经济、时尚消费品等特色产业园区，但园区数量相对较少，既有园区与创新要素布局耦合程度不高，存量产业用地转型升级难，难以适应新经济的发展需求。

首先，主城区的特色产业园区布局与创新要素耦合程度较低。总体来看，现状特色产业园区的空间布局主要是基于可供产业用地和可供物业面积划定，缺乏与创新策源、创新转化、创新孵化等各类要素的协同考虑（见图 1-3）。从特定产业来看，生物医药研发环节倾向于接近知识密集区和医院临床应用资源，并有较强的协同创新和设施共享的集聚需求，但目前生物医药特色产业园布局与三甲医院、医药研发企业关联度均较低。上海现状的生物医药研发企业主要位于主城区且呈现明显的集聚态势，但目前的 7 个生物医药特色产业园区仅有张江创新药基地在主城区范围内，其他 6 个均位于郊区，其布局都是以生物医药制造环节为主，对研发环节的空间支撑明显不足（见图 1-4）。

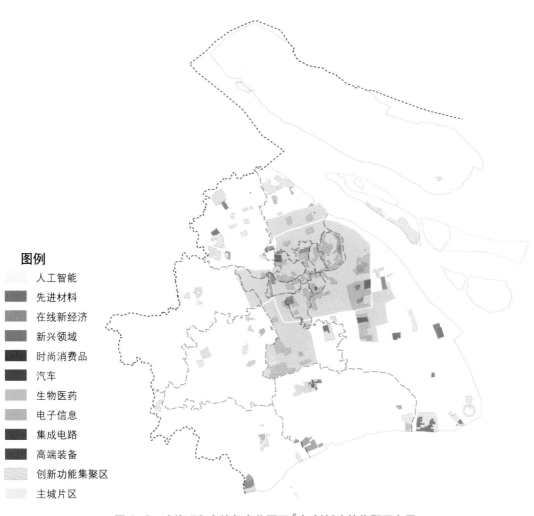

图例

人工智能

先进材料

在线新经济

新兴领域

时尚消费品

汽车

生物医药

电子信息

集成电路

高端装备

创新功能集聚区

主城片区

图 1-2 上海 53 个特色产业园区 [6] 与创新功能集聚区布局

---

[6] 特色产业园类型及范围参考《上海市特色产业园区公告目录（2022 年版）》。

宝武（上海）碳中和产业园

机器人产业园

市北数智生态园　　　　长阳秀带

数智南大

中以（上海）创新园　　　　　　　　　　外高桥智能制造服务产业园

金桥5G产业生态园

张江数链　集成电路设计产业园

"虹桥之源"在线新经济生态园

江南智造国际设计港　　　　张江人工智能岛

漕河泾元创未来　　西岸智慧谷　　　　张江在线

北斗西虹桥基地

张江机器人谷

张江创新药产业基地

马桥AI试验区

闵行开发区智能制造业基地

图例

- 科研机构
- 众创空间
- 科技孵化器
- 科技加速器
- 大学
- 特色产业园区

图 1-3　主城区特色产业园区与各类创新要素分布图

（数据来源：上海市科学技术委员会）

图例

- 三甲医院
- 生物医药研发企业
- 生物医药特色产业园区
- 主城片区

地图标注：
- 北上海生物医药产业园
- 青浦生命科学园
- G60生物医药产业基地
- 东方美谷
- 张江创新药产业基地
- 湾区生物医药港
- 临港新片区生命蓝湾

图 1-4　生物医药特色产业园区、三甲医院、生物医药研发企业分布图

（数据来源：第四次全国经济普查数据、第三次全国国土调查数据）

　　其次，产业用地功能混合程度不足，难以满足企业创新全链条一体化布局需求。上海对于规划编制明确了较为弹性的地类混合技术要求，但由于实际土地管理缺乏相应的配套政策，尤其是完善的跨部门用地审批、地价评估、产权登记等政策支撑，导致上述技术要求在法定规划中难以落实，新增用地和存量更新建设项目更难以实施。现有产业用地的研发、无污染生产、商务办公等功能的实际混合度低，楼宇内嵌入式创新空间建设无实施路径。相较于深圳、成都等城市，上海的新型产业用地的推广应用步伐较慢，综合用地（Z）仅在自由贸易试验区、奉贤数字江海国际产业社区等地区开展个别试点，由于缺乏土地定价、审批管理等制度设计，无法在全市全面推广（见表1-6）。

表 1-6　国内主要新型产业用地政策梳理

城市	新型产业用地	功能导向	容积率	地价	出台文件
上海	Z（综合用地）	相互间没有不利影响的两类或两类以上功能用途	在土地出让和建设项目规划管理阶段根据项目具体确定	临港新片区试点：综合用地按照主导用途对应的用地性质实行差别化的供地方式。出让底价根据市场评估结果综合确定，根据不同出让方式，标准不同。如采取协议出让方式供地的，出让底价不得低于综合用地各用途对应基准地价乘以其比例之和的 70%	《上海市控制性详细规划技术准则（2016 年修订）》《关于中国（上海）自由贸易试验区综合用地规划和土地管理的试点意见》（2014 年）
深圳	M0	融合研发、创意、设计、中试、无污染生产等创新型产业功能；具体各区政策不同，以高新技术产业为导向	不低于 2.0，配套设施比例可占到总建筑面积的 30%，一定比例的保障性住房	公开招拍挂为主，弹性年限，租让结合，结合具体评估方式确定，不得低于全国工业用地出让最低价标准	《深圳市城市规划标准与准则》2014；《深圳市人民政府关于优化空间资源配置促进产业转型升级的意见》（深府〔2013〕1 号）；《深圳市创新型产业用房管理办法》（深府办〔2016〕3 号）
成都	M0	新型产业用地（M0）是指主要用于融合研发、设计、检测、中试、新经济等创新性业态及相关配套服务的工业用地	容积率原则上不低于 2.0，不高于 4.0。产业用房建筑面积不小于 80%	新供应用地按照工业用地与办公用地的比例计算；已供地调整按照新型工业用地与原土地价格的差额补缴土地出让金。主要适用于全市 66 个产业功能区范围内	《关于加强新型产业用地（M0）管理的指导意见》（2020 年）
武汉	M0	高新高端产业和创新型企业、科创机构	容积率原则上不低于 2.0。产业用房建筑面积不小于 70%	新供应用地按照工业用地与办公用地的比例计算；已供地调整按照新型工业用地与原土地价格的差额补缴土地出让金。主要适用于开发区内	《关于支持开发区新型工业用地（M0）发展的意见》（2020 年）

（三）主城区面向未来的应用场景布局还不够丰富

数字化应用场景是新经济发展的重要支撑条件。当前，全市正在聚焦"经济、生活、治理"三大领域加快推进城市数字化转型，推出了 8 个数字化转型示范区，其中有 5 个位于主城区范围内，包括杨浦大创智数字创新实践区、普陀海纳小镇、徐汇滨江数字化转型示范带、市北数智生态园、张江数字生态园。但是，当前的数字化转型仍缺乏面向未来的应用场景系统布局，难以支撑新经济创新产品的广泛应用需求。

一是主城区作为高密度的人居环境创新试验场，数字化转型步伐还不够快。 城市数字底座建设滞后，云服务、区块链、算力等数字新基建和数字服务标准规则供给不足；公共数据开放共享还不够充分，跨行业、跨企业数据互联互通存在障碍；生活智能化基础设施、数字化生活场景营造还有待增强。

二是数字化应用场景仍以点状布局为主，缺乏体现未来概念城区的整体更新项目。 目前的 5 个数字化转型示范区主要是聚焦于数字基础设施建设、数字产业生态培育、特色应用场景营造等，面向未来场景的整体前瞻性布局还不足，尚缺少体现未来概念城区、主题特色鲜明的整体更新项目。

三是缺少针对元宇宙创新应用场景的系统布局规划，虚实融合程度不高。 元宇宙新赛道成为产业发展新热点，但目前主要聚焦张江数链、漕河泾元创未来等特色产业园区布局元宇宙产业，还未形成全域性的元宇宙创新场景系统布局，真正落地的元宇宙应用场景较少。

三、上海主城区创新空间政策优化提升思路与对策

根据建设具有全球影响力的科技创新中心目标，上海主城区创新空间布局应进一步发挥科创资源要素集聚优势，构建面向新经济的创新生态系统，强化科技创新策源与成果转化能力，优化特色产业园区布局与空间保障，加快面向未来的全域创新场景营造，打造全球城市创新试验场，引领市域与长三角区域创新。

（一）围绕创新引擎机构，优化特色产业园区布局

围绕主城区各类创新引擎机构，增加以研发功能为主的特色产业园区。**第一，以大学、科研机构集聚区与大学科技园为基础，布局大学驱动型的特色产业园区。** 聚焦张江科学城、闵行大零号湾、杨浦大创智、宝山环上大等大学、科研机构集聚区，提升大学科技园功能，构建"众创空间—孵化器—加速器"全生命周期创新企

业服务空间体系，促进校区、园区、社区深度融合。**第二，围绕医学院与三甲医院等科研与临床资源集聚区，布局生命科学特色产业园区**。聚焦徐汇枫林地区以及黄浦瑞金医院、静安华山医院、杨浦长海医院等周边地区，增加生命科学总部、初创企业研发空间、生物医药共享实验室布局，打造生命科学创新孵化集群。**第三，依托科技领军企业打造数字创新生态系统，布局数字经济特色产业园区**。根据元宇宙、人工智能、在线新经济等城市中心区位指向特点，结合"一江一河"滨水区更新，加快黄浦、虹口、静安、长宁等中心城数字经济特色产业园区布局，打造以互联网科技领军企业为核心、大中小企业融通的数字经济产业生态系统。

由于主城区创新引擎机构周边以存量用地为主，为促进创新要素的空间集聚，需要积极推进创新引擎机构周边商务楼宇、文创园区的嵌入式创新空间建设，为新经济企业提供低成本空间。**一方面，鼓励低效空置商务楼宇转型为科技楼宇**。借鉴西岸智慧谷、长阳秀带的科创楼宇模式，鼓励利用冗余商务办公空间，植入众创空间、孵化器、加速器、共享实验室等不同类型的创新创业空间。探索开展"科技楼宇"认定，构建楼宇内"政府＋社会物业＋科技企业"的科创产业空间新生态，按照"一楼一策"原则，明确为新经济企业提供的空间面积与租金标准。为平衡运营成本，可由政府设立专项资金，为合作建设"科技楼宇"的社会物业提供认定支持，并根据科技企业入驻情况为运营商提供持续的租金和运营支持，同时配套特殊监管要求，切实让优质的科技企业留在主城区。**另一方面，发挥国企平台作用，促进文创园区等存量工业用地高质量利用**。借鉴江南智造国际设计港的文创园区功能升级模式，鼓励国有企业带头盘活存量空间，加快导入数字创意、时尚消费品、增材制造等新经济产业门类，探索文创园区内的工业厂房、仓库的复合利用，打造面向新都市制造的"文化＋科技"复合型创新空间。制定新经济产业正面清单，明确相关企业认定标准并控制租金上限，为初创新经济企业提供可负担空间。

（二）为产业用地功能混合利用提供制度保障，为新经济企业发展提供定制化空间

根据新经济发展需求，优化主城区产业用地利用模式，加强用地功能混合政策支撑，加快推进新型产业用地政策试点，为大中小企业发展提供多样化的空间保障。

一方面，进一步鼓励单一产业地块用途兼容。考虑集生产、研发、中试、展示、销售、配套功能于一体的空间需求，鼓励提升工业用地内以研发、商务金融等用途为主的嵌入式创新空间比例，针对兼容研发功能的工业用地更新，制定绩效准入和环评标准，充分利用既有政策鼓励低效工业用地容积率提升，为功能兼容提供空间保障。

另一方面，在特色产业园区内加快综合用地试点，为特定新经济企业打造定制化创新空间。 以特色产业园区为政策试行推广范围，针对规划阶段不能明确用地功能混合比例的产业地块，鼓励采用综合用地类型，根据新经济企业实际需求，在出让前确定其工业生产、研发、商务金融、商业、物流仓储等功能比例，实现符合企业创新链的定制化空间供给。重点加强综合用地规划管理政策的配套，明确产业类综合用地准入标准、出让底价、审批监管流程。

专栏：上海既有产业用地高质量利用政策梳理

　　顶层政策，强调提高产业用地利用效率，鼓励用途混合布置。 2018 年上海市人民政府印发《关于本市全面推进土地资源高质量利用的若干意见》，提出："全面提升土地综合承载容量和经济产出水平，实现土地资源更集约、更高效、更可持续的高质量利用"，"按照高质量发展要求，实施高标准的产业用地准入，提高产业用地利用效率，提升单位面积土地产出率。依据不同产业类别，细化产业用地开发强度管控。鼓励工业、仓储、研发、办公、商业等功能用途互利的用地混合布置、空间设施共享"。

　　重点区域，鼓励优质产业提高容积率，简化规划调整程序。 2019 年临港自贸区管委会发布《支持临港新片区产业、研发用地提高容积率的实施意见》，提出："新增工业仓储类项目容积率在 2.0 以下、研发中试类项目容积率在 3.0 以下，可按照建设项目管理程序确定；如工业仓储类项目容积率超过 2.0、研发中试类项目容积率超过 3.0 的，可由临港新片区管理机构决策，按照控详规划调整简化程序执行。"并鼓励优质产业项目提升容积率，增加地下空间。根据项目分级情况，降低优质产业用地扩建成本。

　　规划管理，深化行政审批程序，鼓励高质量土地利用。 2020 年上海市规资局印发《上海市详细规划实施深化管理规定》，提出："产业基地、产业社区内，工业、仓储用地容积率 2.0、建筑高度 30 米，研发用地容积率 3.0、建筑高度 50 米以内调整的"，无需修改详细规划，只需在建设项目管理阶段，通过专家、专业部门论证，对具体指标予以确定。

　　产业引领，探索工业上楼新模式，保障优质产业空间载体。 2022 年 9 月上海市印发《上海市推进高端制造业发展的若干措施》，提出："探索工业上楼新模式。在产业主管部门组织论证可行的前提下，鼓励工业用地和研发用地集约节约利用，建设功能复合楼宇，形成集生产、研发、中试、展示、销售、配套一体的综合高效利用厂房。鼓励产业用地混合使用，房屋类型可根据权属调查报告分别予以记载；产业用地根据相关规划按需确定容积率、高度等规划参数，涉及规划调整的，由市、区共商并听取相关主体意见，确定规划完善时间计划，工业企业工业用地经批准提升容积率不再补缴土地款。工业用地容积率一般不低于 2.0，通用类研发用地容积率一般不低于 3.0。"

（三）强化数字赋能与场景营城，打造全域泛在的城市生活实验室

　　以特色产业园区、城市各级公共活动中心、社区生活圈为主要载体，加快主城

区数字科技全域赋能。依托特色产业园区，重点探索虚实融合办公、无人工厂、工业元宇宙、工业互联网等生产型应用场景。结合各级公共活动中心布局，重点探索虚实交互新商业、虚实交互新文旅、虚实交互新娱乐等商业型应用场景。结合 15 分钟社区生活圈规划，探索虚实融合医疗健康、虚实交互新教育等生活型应用场景。

结合主城区内整体城市更新地区，加快布局未来概念城区项目。依托黄浦江沿岸、宝山宝钢、浦东高桥等整体更新区，整合政府、开发主体、科技领军企业等多方资源，打造无人驾驶城区、零碳园区、氢能社区等未来概念城区，配套人工智能基础设施、资源循环系统，以及太阳能光伏、氢能等能源供应与运输体系，探索全球城市城区发展新模式。

聚焦城市科技（urban tech）前沿领域，建立面向未来的城市科技实验室与创新网络。依托创新引擎机构，利用主城区丰富的应用场景与数据资源优势，加快布局开放式的城市"生活实验室"，聚焦宜居、可持续与韧性等城市议题进行前沿探索，为智慧城市、低碳城市建设提供创新解决方案。

（四）增强多部门、多主体协同，强化新经济发展战略指引与政策合力

建议设立新经济发展领导小组，由市发展改革委牵头，协同市经济信息化委、市科委、市规划资源局、市地方金融监管局等部门，对新经济发展趋势与产业新赛道布局进行系统研判，制定全市层面的新经济发展战略规划，整合特定政策区内的科技、产业、土地、金融、人才等配套政策资源，增强对新赛道企业培育、场景建设、数据开放等方面的政策供给。在此基础上，围绕新经济细分产业领域，成立多方力量共同参与的协调议事机构，强化多元主体共治，完善新经济创新生态治理体系。以国家统计局"三新"经济统计调查制度为基础，针对跨界融合特征明显的新经济领域，建立新经济企业数据库与监测平台，聚焦产业集聚、企业培育、生态营造、应用场景等方面，完善特色产业园区统计体系和评价考核办法。

党的二十大报告指出，"坚持把发展经济的着力点放在实体经济上，推进新型工业化""推动制造业高端化、智能化、绿色化发展"。作为全国的经济中心城市，上海仍需要大力发展高端制造业，强化高端产业引领功能，提升上海城市核心竞争力。新城是"上海2035"和"十四五"发展的重要战略空间，从全市产业分工来看，新城承载着全市主要的产业空间，较长时期内仍应聚焦高端制造业发展，进一步提升产业功能能级，实现高质量发展。针对新城现状存在的制造业规模能级较低、企业发展活力不足、人才吸引力不强等问题，提出未来应通过"腾空间"，为高端制造业产业集群发展提供精准的空间供给；通过"降成本"，促进中小企业多样化发展；通过"提品质"，吸引人才，建设青年发展型城市。

CHAPTER 2

第二章

聚焦高端制造业发展，
提升新城产业功能能级

党的二十大报告强调，"坚持把发展经济的着力点放在实体经济上，推进新型工业化""推动制造业高端化、智能化、绿色化发展"。习近平总书记在上海考察时指出，上海要强化全球资源配置、科技创新策源、高端产业引领、开放枢纽门户等四大功能。其中高端制造业具有技术知识密集、附加值高、成长性好、关联性强、带动性大等特点，是创新产业和服务业发展的重要基础，是高端产业引领功能发展的重要抓手，而且受经济环境波动的影响相对较小，有助于提升经济发展韧性。因此，大力发展高端制造业，对于拓展上海新型产业体系的发展方向，培育增长新动能，强化新赛道布局，具有重要意义。

从国际经验来看，美国、德国等发达国家均提出了"再工业化"策略，来进一步巩固实体经济，创造新的经济增长点。上海应把握全球产业格局深刻变革的战略趋势，面向国家重大战略需求，站在引领国家产业创新、代表国家参与全球新一轮产业竞争的战略高度，在高端制造业领域成为"领跑者"和"开拓者"[1]，提升在全球产业链和价值链中的地位，形成代表国内制造业最高水平的产业基地，提升上海城市综合竞争力。作为上海"十四五"发展的重要战略空间，新城承载着上海主要的产业空间，应坚持聚焦高端制造业发展，提升产业功能能级，推动高质量可持续发展。

一、发展高端制造业是提升新城产业功能能级的重要支撑

（一）新城仍处于重点发展制造业的阶段

2021 年上海人均 GDP 超过 17 万元人民币，第三产业增加值占 GDP 的比重为 73.3%，已经稳步迈入后工业化社会。但是也应注意到，上海作为特大城市，郊区和中心城之间还存在着较大的发展差异，相较于中心城服务业高度发达的形势而言，郊区的制造业占比还处在较高水平，还处于向高质量发展奋力迈进的关键阶段。

2021 年，嘉定区、青浦区、松江区、奉贤区的人均 GDP 分别约为 15 万、10 万、9 万、12 万元人民币，第二产业增加值占 GDP 的比重分别为 58.8%、34.5%、51.0%、63.9%，总体体现出工业化中后期的特征。从技术密集型产业占制造业比重来看，郊区与全市平均水平还存在一定差异（见图 2-1）。另外，中心城的高新技术企业中 88% 以上从事服务业，而郊区的高新技术企业中 70% 以上从事

---

[1] 上海市人民政府发展研究中心，上海市发展战略研究所.上海强化高端产业引领功能研究 [M].上海：格致出版社，上海人民出版社，2021。

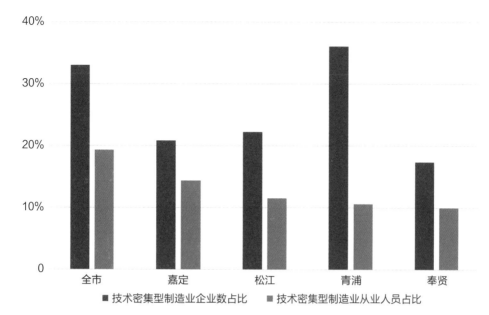

图 2-1　技术密集型制造业企业数和从业人员占制造业比重

（数据来源：上海市公共数据开放平台、第四次全国经济普查数据）

制造业。从就业吸引来看，新城产业园区中 31% 就业人口来自所在区的新市镇、农村地区，制造业是新城、新市镇、乡村要素流动、联动发展的重要动因。

因此综合来看，郊区仍处于工业化中后期、工业化带动城镇化的发展阶段，应把高端制造业作为新城今后较长时期发展的重点。

（二）新城承载了全市重要的制造业空间

进入 21 世纪以来，上海按照"中心城区体现繁荣繁华，郊区体现实力水平"的总体思路，重点发展郊区制造业基地，形成了中心城与郊区产业协调发展的格局，特别是在中心城实施"退二进三"之后，郊区作为先进制造业的主战场，为上海的工业经济增长做出了重大贡献。2020 年，上海郊区工业总产值占上海全市 74.4%，而在 2003 年，这一数据为 63.4%[2]。2022 年 1 至 8 月，"五个新城"所在区（管委会）在地规模拟上工业产值占上海全市比重超过 43%，有力支撑了全市产业稳增长[3]。

目前，全市各级开发区共有 126 个[4]，其中 78 个位于新城所在区。全市规划可新增产业空间 178 平方千米[2]，其中超过三分之二位于新城所在区。制造业的发展

---

[2]　数据来源：2021 年第三次全国国土调查变更数据。

[3]　资料来源：上观新闻 . 上海"五个新城"建设：引导头部企业、重大项目布局落地 [EB/OL]. （2022-10-28）。

[4]　数据来源：上海市经济和信息化委员会、上海市统计局、上海市开发区协会。

空间，决定了郊区依然是未来上海布局高端制造业的主战场，新城作为郊区的增长极，更需要强化高端产业引领功能，高起点布局高端制造业，在上海产业链、价值链布局中发挥关键作用。

二、现状主要问题

（一）制造业规模能级较低，新赛道切换动力不足

上海新城经过 20 年的发展，成效显著，但对照长三角城市群中具有辐射带动作用的综合性节点城市的规划定位，新城发展的现状水平与上海大都市圈内其他县级城市相比，仍有不小差距，尤其是在二产的功能能级上。目前，嘉定、青浦、松江、奉贤、南汇"五个新城"所在区的二产增加值在上海大都市圈中排名中游，与排名靠前的昆山、慈溪等城市有较大差距（见图 2-2）。从工业用地的平均绩效来看，"五个新城"所在区的平均水平远低于上海国家级开发区平均绩效 1.41 亿元 / 公顷[5] 的水平，甚至低于全市产业园区平均水平（见图 2-3、图 2-4）。究其原因，主要有以下四个方面：

一是在分工环节上处于价值链低端。产业分工环节体现地区在区域中的发展地位与比较优势，价值链高端产业主要以技术密集型为主，呈现科技含量高、产品附

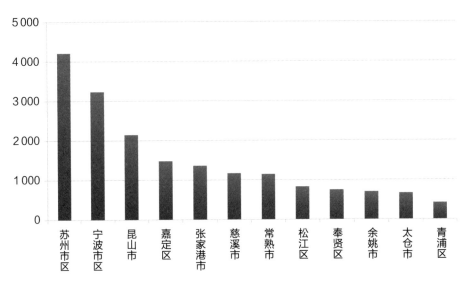

图 2-2　2020 年上海大都市圈部分单元二产增加值（单位：亿元）
（数据来源：上海大都市圈各城市 2021 年统计年鉴）

---

[5]　工业产值数据来源于 2021 年上海统计年鉴，用地面积数据来源于第三次全国国土调查。

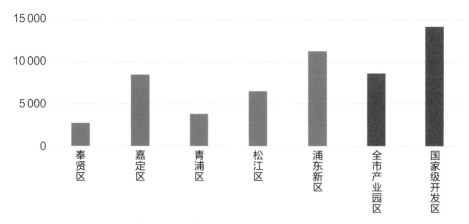

图 2-3　2020 年"五个新城"所在区工业用地平均绩效（单位：万元/公顷）

（数据来源：工业产值数据来源于 2021 年上海统计年鉴，用地面积数据来源于第三次全国国土调查）

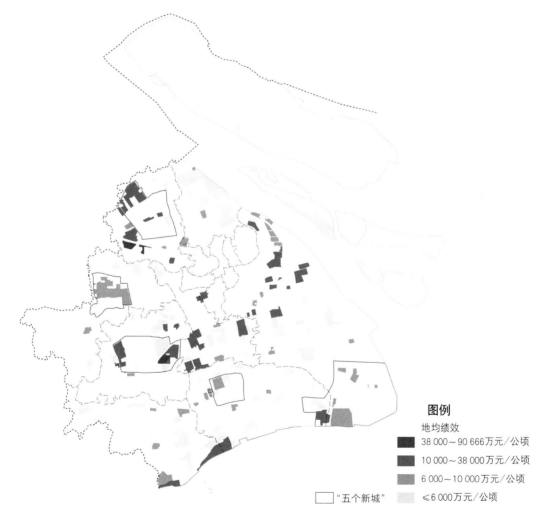

图例

地均绩效
- 38 000～90 666万元/公顷
- 10 000～38 000万元/公顷
- 6 000～10 000万元/公顷
- "五个新城"　≤6 000万元/公顷

图 2-4　2020 年上海开发区地均绩效示意

（数据来源：上海经济和信息化委员会、上海市统计局、上海市开发区协会）

加值高、占据产业链核心地位三大特征（见表 2-1）。而上海"五个新城"的制造业在价值区段方面，与周边城市相比并不具有优势。从劳动密集型、资本密集型以及技术密集型制造业结构来看，上海"五个新城"技术密集型企业数量较少且价值区段结构不佳（见图 2-5）。2020 年，嘉定、松江、青浦、奉贤等新城所在区各拥有 3 500～6 100 家技术密集型制造类企业，与苏州市区、常州市区、无锡市区、宁波市区有着数量级的差距（见图 2-6）。从高新技术产业[6]的产值来看，2020 年，嘉定的高新技术产业产值落后于昆山市、江阴市，并且增长速度仅为江阴市的一半。

表 2-1　基于价值区段国民经济制造业划分[7]

价值区段划分	国民经济行业分类
劳动密集型制造业	农副食品加工，食品制造业，纺织业，纺织服装、服饰业，皮革、毛皮、羽毛及其制品和制鞋业，木材加工和木、竹、藤、棕、草制品业，家具制造业，造纸和纸制品业，印刷和记录媒介复制业，文教、工美、体育和娱乐用品制造业，橡胶和塑料制品业，非金属矿物制品业，金属制品业
资本密集型制造业	酒、饮料和精制茶制造业，石油、煤炭及其他燃料加工业，化学原料和化学制品制造业，化学纤维制造业，黑色金属冶炼和压延加工业，通用设备制造业，专用设备制造业，汽车制造业，铁路、船舶、航空航天和其他运输设备制造业
技术密集型制造业	医药制造业，电气机械和器材制造业，计算机、通信和其他电子设备制造业，仪器仪表制造业

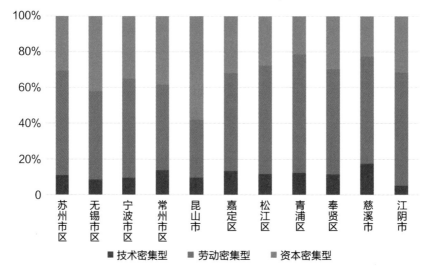

图 2-5　2022 年上海大都市圈部分单元制造业企业数量价值区段结构

（数据来源：企查查）

6 按照《高技术产业（制造业）分类（2017）》，高技术产业（制造业）是指国民经济行业中 R&D 投入强度相对高的制造业行业，包括：医药制造，航空、航天器及设备制造，电子及通信设备制造，计算机及办公设备制造，医疗仪器设备及仪器仪表制造，信息化学品制造等 6 大类。

7 资料来源：唐子来，赵渺希. 经济全球化视角下长三角区域的城市体系演化：关联网络和价值区段的分析方法 [J]. 城市规划学刊，2010（1）。

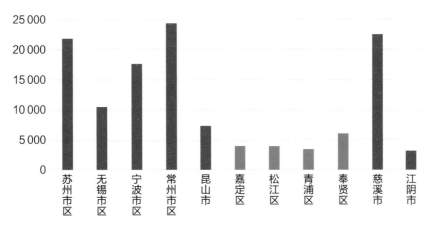

图 2-6　2022 年上海大都市圈部分单元技术密集型企业数量（单位：个）

（数据来源：企查查）

二是龙头企业带动不足。龙头企业具有市场占有率高、研发创新能力强、带动产业链上下游发展等作用，是稳定区域产业链供应、整合上下游供应关系、促进产业集群能级提升的核心要素。而上海"五个新城"龙头企业总量上不具优势，且知名度低。以制造业上市公司为例，嘉定、松江、青浦、奉贤新城所在区与上海大都市圈部分城市差距较大（见图 2-7）。

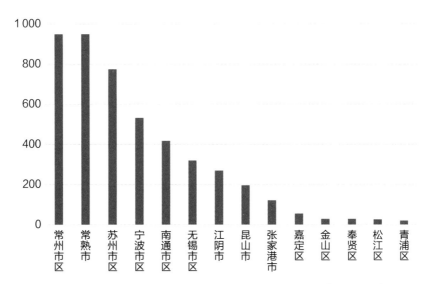

图 2-7　2022 年上海大都市圈部分单元制造业上市公司数量（单位：个）

（数据来源：企查查）

三是中小微企业发展较慢。中小微企业是提高经济发展韧性的重要主体，是提升改造传统产业、开拓新领域的生力军，是吸纳与新增就业、提高劳动力收入水平的重要主体。郊区新城理应成为培育本土成长性企业的重要地区。但从现状来看，上海"五个新城"所在区中小微企业与上海大都市圈部分单元相比，呈现新增数量低、加速升级动力不足的特征。嘉定、青浦约 90% 的中小微企业成立时间超过 10 年，升级发展缓慢特征显著，新城所在区成立三年内的中小微高端制造业企业比重不超过 5%，远低于江阴、太仓等城市，中小企业的经济活力明显不足（见图 2-8）。

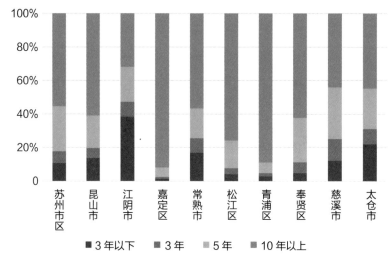

图 2-8　2022 年上海大都市圈部分单元中小微高端制造业企业成立时间比重

（数据来源：企查查）

（二）商务成本高，企业发展活力不足

高成本是国际大都市面临的共性挑战，降低企业成本，是优化营商环境、促进企业活力、支持实体经济持续健康发展的重要举措。国务院早在 2016 年就颁布了《降低实体经济企业成本工作方案》，旨在推进供给侧结构性改革、加快振兴实体经济。伦敦、纽约等城市也将供给低成本就业空间，作为优化营商环境重要举措。因此，应充分发挥上海新城的商务成本优势，和主城区在研发、人才和资金等方面的集聚优势互相补充，提升上海整体竞争力。但目前新城所在区与周边城市相比，依然存在企业用地用工、配置资源等商务成本、就业人员生活成本高的问题，影响了企业发展的活力。在工业用地成本方面，上海"五个新城"所在区工业用地起拍地价为周边城市的 2 ~ 4 倍（见表 2-2）。在劳动力成本方面，上海制造业工资也高于江苏、浙江（见表 2-3）。

而从家庭可支配收入来看，"五个新城"所在区较周边城市低，而就业人员的生

表 2-2 2022 年"五个新城"所在区与大都市圈部分城市工业起拍地价一览表

城市 / 区	2022 年工业起拍价（万元 / 亩）
嘉定区	75
奉贤区	100
松江区	61
青浦区	153
浦东新区临港	96
昆山市	80
江阴市	56
常熟市	53

（数据来源：上海土地市场官网、土流网）

表 2-3 2020 年苏浙沪制造业平均工资一览表

省 / 市	制造业工资（元）
上海	77 168
江苏	64 691
浙江	59 339

（数据来源：2021 年中国统计年鉴）

活成本、特别是居住成本相比周边城市高。新城住房支出占家庭可支配收入的比重为 27% ~ 34%，不但高于昆山（24%）、太仓（25%）等城市，甚至高于苏州市区（27%）（见图 2-9）。上海新城平均住宅租金高于苏州市区，新房每平方米价格是昆山的 2 倍、太仓的 2.8 倍（见图 2-10）。

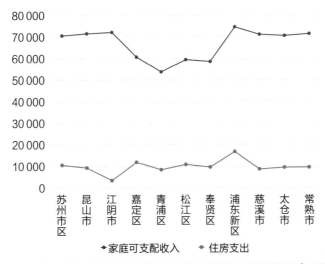

图 2-9 2020 年上海大都市圈部分单元家庭收支情况比较（单位：元）

（数据来源：上海大都市圈各城市 2021 年统计年鉴）

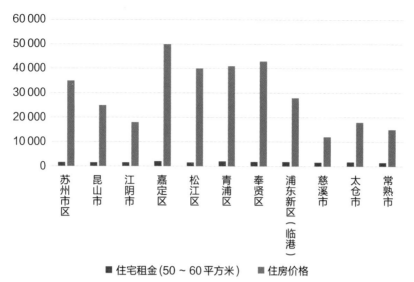

图 2-10　2022 年上海大都市圈部分单元住房成本比较（单位：元）

（数据来源：链家网）

（三）高品质公共要素集聚度不高，人才吸引力低

产业向知识密集、技术密集的方向升级转型时，劳动力的知识技能水平成为现代经济发展重要资源，产业结构的升级转型伴随的是高技能高学历人才需求的增加，人力资本是提高产业竞争力的基本要素。例如，伦敦产业战略规划聚焦于提高伦敦劳动力生产水平和技能水平，构建与市场需求更适配的劳动力结构，塑造更具包容性的社会环境。上海"五个新城"从现状来看，还缺少吸引人才的城市环境。

缺少高等级的公共服务设施与活动。"五个新城"所在区拥有的三甲医院、三级以上博物馆、三级以上图书馆、文化演出数量等与周边县级城市基本持平，远远落后于上海、苏州等城市市区，难以形成在长三角区域的辐射能力。

基本公共服务水平较低。2020 年新城卫生、养老、教育、文化体育等社区级公共服务设施 15 分钟覆盖率仅为 75%，其中南汇新城覆盖率仅为 62%，远低于中心城（92%）。每千人拥有执业（助理）医师数 1.5 ～ 2.3 名，在上海大都市圈排名靠后。

公园绿地等开放空间品质不高。南通、太仓、嘉善、昆山的人均公共绿地均在 14 ～ 17 平方米，苏州市区的人均公共绿地也超过了 12 平方米。除南汇新城外，各新城人均公共绿地不超过 10 平方米[8]，与周边城市相比差距明显。已建成的公园绿地品质不高，服务水平有限，欠缺对市民的吸引力。

---

[8]　数据来源：第三次全国国土调查数据、第七次全国人口普查数据。嘉定新城人均公共绿地 8.9 平方米，青浦新城 8.4 平方米，松江新城 5.1 平方米，奉贤新城 6.6 平方米，南汇新城 19.2 平方米。

与近沪周边城市相比，新城在对外交通方面的短板明显。以对外客运枢纽能力相对较强的松江为例，其日停靠车次和年旅客发送量（60 车次/日，190 万人次/年）既低于同处于沪杭线上的嘉善（68 车次/日，292 万人次/年），更远低于人口规模相近的昆山（220 车次/日，1 185 万人次/年）。此外，新城轨道交通站点 600 米覆盖率目前不足 10%。

三、对策与建议

现阶段新城发展必须以高端制造业为抓手，夯实实体经济，推动制造业向价值链高端发展，特别是吸引大型市属国有企业在内的龙头企业，聚焦打造产业集群，延长产业链，带动产业更新迭代，增强产业的辐射带动作用。针对现状存在的突出问题，提出以下建议：

（一）优化空间配置，为高端制造产业集群发展提供精准的空间供给

针对新增空间，建议完善产业遴选制度，对产业项目进行全过程培育和监管。进一步完善产业的准入机制，一方面要增加成熟企业"达产承诺"的含金量，同时也要关注创新型初创企业的成长性，为有发展潜力的中小企业提供用地和用房保障。为此，新城要进一步完善项目准入的评估审核制度，针对代表技术发展和产业升级方向的成长型企业应创新遴选机制和空间供给模式，实现空间的精准供给。新加坡园区在对入驻企业的选择上，建立了一套严格的审核制度和标准。重点考察两方面内容：一是考察入驻项目本身的投资建设情况，根据园区的功能定位及产业发展方向，设置了投资强度、单位面积产出、技术含量、就业带动性、企业自主创新等方面的指标；二是考察入驻企业与园区已有企业以及园区定位的匹配性，重点关注引进企业能否与园区已有企业之间形成产业链和产业集群等。

建议腾退发展滞后、污染严重的工业，盘活存量空间。在综合绩效评估的基础上，一是政府搭平台，探索各类主体合作方式，积极鼓励央企、市国资、市场主体、区属国企、街镇集体企业与市场主体合作，通过协议收储、产权转让、存量收购、股权变更、司法拍卖等方式，参与存量产业转型发展，释放低效工业用地。二是鼓励推广以园区平台为龙头的整体转型模式，通过联合收储、"以房换地"、股权收购等形式推进存量用地再开发，加快推进低效园区整体转型。

（二）降低商务成本，促进中小企业多样化发展

降低商务成本是国际大都市的普遍发展趋势。降低新城的商务成本，充分发挥新

城商务成本比较优势和主城区在研发、人才和资金等方面的集聚优势，不仅能够降低上海的整体商务成本，而且能够与全市产业布局协同发展，促进新城的可持续发展。

一是针对高端制造业企业，降低用地成本。"五个新城"所在区可采用先租后售、定向工业地价优惠等措施降低用地成本。优化闲置厂房的利用，吸引符合条件的高端制造业企业入驻。

二是加大产业平台和公共服务设施建设，降低配套成本。加大产业园区基础设施和功能平台布局，提供加速高端制造业企业成长的孵化设施与中小试平台，提高产业服务保障能力。建造公共食堂、公共咖啡馆、公共医疗室、公共活动中心等服务设施，降低企业内部配套成本。

三是持续改善营商环境，降低隐形商务成本。深化"放管服"，打造服务型政府，优化整合办事系统，推进统一化、标准化法人事项业务管理，提升审批、监管、税费等环节政策透明度。

专栏一：大伦敦地方产业战略相关借鉴

《大伦敦地方产业战略》提出了"为伦敦塑造更具包容性和可持续发展的城市经济"的规划目标，其中降低企业营商成本、减少劳动力生活成本是其中重要政策。

有效降低企业营商成本，促进企业尤其是中小企业多样化发展。经济高度集聚实际也为伦敦企业带来了极高的营商成本，每人每年办公和生活的平均成本高、中小企业融资成功率低、工业用地流失面积大等情况说明了伦敦中小企业和工业等发展的困境。对此，伦敦通过划定指定工业点，并要求该范围内工业建筑面积不减少，以保留足够的工业物流产业空间；同时，设计满足中小微企业不同工作需求的办公空间，为企业提供可负担的工作空间。

增加可负担住房，制定弹性工作制以提高劳动力生产水平，应对伦敦高生活成本的挑战。随着 2008 年金融危机后英国整体工资缩减，伦敦就业周薪中位数降低、扣除生活成本后薪资水平降低、抚养孩童人群的就业率低，意味着伦敦人口面临更高的贫困风险。对此，伦敦提出增加可负担住房以降低生活成本、制定弹性工作制帮助满足职工家庭抚养需求等政策。

公共交通与就业、住房供给相匹配，减少出行成本。伦敦中心城区和伦敦外围区之间存在巨大就业吸引差，高峰时间向心通勤规模、流入希罗斯地区通勤规模占比高；同时由于低收入低技能者通勤承受距离较短，阻碍其获取更广泛的就业机会。对此，伦敦政府基于伦敦各地区的公共交通可达性（PTAL），并叠合具有发展潜力地区（如城市待转型棕地），作为城市外围就业和住房增加的潜力地区。

（三）提高新城建设品质，建设令人向往的青年发展型城市

青年代表着国家和城市的未来，是推动城市社会经济高质量发展的生力军和中坚力量。提高新城建设品质，吸引和凝聚更多青年人才，实现青年与新城共同发展，

是推动新城产业功能能级提升和可持续高质量发展的关键着力方向。国内外相关研究表明，当代青年具有择邻而居，择趣而处，不单一，要多样，不占有，要体验，爱打卡，爱自由等特点，**丰富的工作机会、多样的社交网络，有趣的人文环境等是吸引青年人才和创意人群集聚的最重要因素**。多措并举吸引青年人才，建设青年发展型城市，成为当务之急（见图 2-11）。

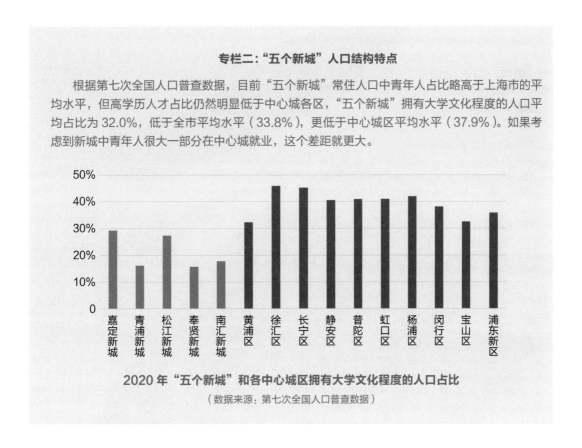

专栏二："五个新城"人口结构特点

　　根据第七次全国人口普查数据，目前"五个新城"常住人口中青年人占比略高于上海市的平均水平，但高学历人才占比仍然明显低于中心城各区，"五个新城"拥有大学文化程度的人口平均占比为 32.0%，低于全市平均水平（33.8%），更低于中心城区平均水平（37.9%）。如果考虑到新城中青年人很大一部分在中心城就业，这个差距就更大。

2020 年"五个新城"和各中心城区拥有大学文化程度的人口占比

（数据来源：第七次全国人口普查数据）

　　一是在轨道交通站点周边等公共交通可达性高的地区提供可负担、多样化的居住空间。根据 2022 年全国通勤报告等相关研究，青年人一方面由于刚进入职场收入有限，更加接受租房生活，但同时对居住空间的品质要求也很高；另一方面更加依赖轨道交通作为日常通勤交通工具，可接受的通勤时间更短。因此，新城建设应更加注重在轨道交通站点等公共交通可达性高的地区，提供保障性租赁住房、长租公寓等可负担、类型丰富的居住空间。

　　二是在社区中提供更多介于家和办公室之外的"第三空间"。规划建设中预留必要的发展用地或兼容空间，满足青年人更加灵活的工作需求和形成更加包容、自由、开放的工作环境。

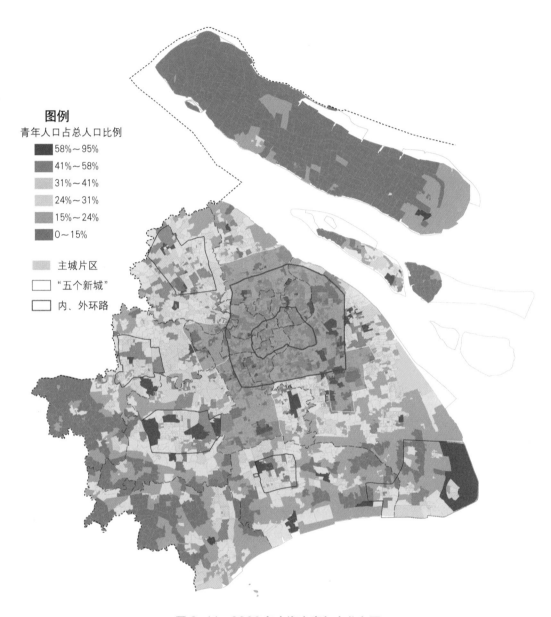

图例

青年人口占总人口比例

■ 58%~95%
■ 41%~58%
■ 31%~41%
■ 24%~31%
■ 15%~24%
■ 0~15%

■ 主城片区
□ "五个新城"
□ 内、外环路

图 2-11　2020 年上海市青年人分布图

（数据来源：第七次全国人口普查数据）

三是加大高品质公共服务资源倾斜，举办具有影响力的文体活动。对标一流标准，加大高等级公共服务设施建设，通过举办具有影响力的文化体育品牌活动，塑造文化、艺术、体育、商业等业态复合的新体验。围绕"夜购、夜食、夜游、夜娱、夜秀、夜读"等主题，丰富夜间设施业态，鼓励 24 小时公共活动集聚区相关设施延长营业时间，引导分时段多功能复合，提供多样化的消费体验。

四是注重城市公共空间营造，激发城市公共空间活力。通过蓝网绿道串联大型公园、环廊森林、主要湖泊，实现新城生态空间开敞疏朗，生产、生活空间集聚紧凑的空间格局。将艺术化产品引入公共空间，加强互动性、娱乐性，打造青年人喜闻乐见的高品质、艺术化的公共空间。

枢纽经济是在中国经济新常态和建设现代化经济体系的背景下提出的，既是推动高质量发展的内在需求，也是畅通经济循环、融入新发展格局的重要举措。随着"轨道上的长三角"全面推进，区域轨道交通将成为发展枢纽经济的重要载体，着力推进枢纽转型发展，将实现"超越交通"的时代新价值。高可达性是发展枢纽经济的前提，通过将重要交通枢纽与城市空间紧密融合，上海"站城融合"发展初见成效，虹桥商务区已成为全国枢纽经济样板，但目前市域辅助枢纽建设相对滞后，站城协同和枢纽经济规模效应发挥等方面仍显不足。为放大枢纽聚流辐射作用，推动枢纽优势向区域创新发展竞争优势的转化，提出通过优化枢纽体系空间组织形态来支撑上海空间新格局，强化建设模式创新，确立综合交通枢纽地位，进而推动站城融合、促进枢纽经济发展的建议。

CHAPTER 3

第三章

强化交通枢纽创新引领，促进枢纽经济发展

交通枢纽是链接城市经济要素的纽带，枢纽经济是全面提升城市能级的经济发展新模式。大力发展枢纽经济，着力推进枢纽转型发展，契合了高质量发展和高水平开放的要求。随着"轨道上的长三角"全面推进，枢纽经济已不再局限于临港经济、临空经济，区域轨道交通已成为枢纽经济重要的载体。因此，本议题从宏观发展背景和新要求出发，审视上海存在的薄弱环节和瓶颈，提出促进枢纽经济发展的相关建议。

一、发展背景与新要求

枢纽经济是以交通枢纽、信息平台等为载体，以聚流和辐射为特质，以科技创新为动力，以优化经济要素时空配置为手段，重塑产业空间分工体系，全面提升城市能级的经济发展新模式。

（一）发展枢纽经济契合高质量发展和高水平开放要求

党的二十大报告提出要坚持以推动高质量发展为主题，《交通强国建设纲要》和《国家综合立体交通网规划纲要》均将发展枢纽经济列为重点任务。《现代综合交通枢纽体系"十四五"规划》更是明确要求大力发展枢纽经济，着力推进枢纽转型发展，推动"枢纽＋"产业深度融合，努力形成新的经济增长点。

随着长三角区域一体化发展战略深入实施，发展枢纽经济既是推动经济社会高质量发展的内在需求，也是畅通经济循环、融入新发展格局的重要举措。在区域层面优化枢纽体系发展形态，强枢纽、畅循环，发挥交通枢纽高效、快速的市场响应优势，形成优势互补、高质量发展的区域经济布局。在城市层面创新枢纽建设模式，聚产业、促融合，吸引强竞争力的企业和交通偏好性产业集聚发展，培育经济增长新动能，提升城市发展能级。国内很多城市已将发展枢纽经济提上议事日程，南京、西安、郑州、成都等城市率先提出了大力发展枢纽经济的规划和构想，无锡、南通等城市正在积极探索发展的路径。

（二）推进枢纽创新引领为促进枢纽经济发展提供支撑

交通枢纽是构建现代综合交通运输体系的关键节点，在国民经济发展中具有战略牵引和要素集聚能力。随着区域更高质量一体化发展，"轨道上的长三角"规划建设推进提速，需求侧将产生较大规模的高频次、中短距、高时间价值客群。区域轨道交通将成为发展枢纽经济的重要载体，同时综合客运枢纽在不同空间层面也呈现出不同的功能定位（见表 3-1）。

"站城融合"也称"站城一体化"，是 TOD 模式发展的高级阶段，更加关注平衡

表 3-1　上海市综合客运枢纽在不同空间层面的功能定位分析

区域层面："四网融合"的综合交通客运枢纽	市域层面：区域协同发展的关键节点工程	地区层面：未来地区对外门户和活力核心
• 作为"四网融合"的综合交通客运枢纽 • 铁路辅助客站主要承担服务中短距离的城际交通出行 • 提高区域功能中心与大都市圈的联系，提升辐射能力	• 作为城际线接入区域功能中心的转换节点 • 强化区域功能中心之间及与主城区的联系 • 推动"网络化、多中心"的空间格局形成	• 引导枢纽地区功能集聚和复合开发 • 打造面向区域的核心功能承载区 • 成为城市的新名片和重要增长极

站与城发展关系的经济价值，以及持续催生城市活力的社会价值。按照区域战略配置资源，促进创新链和产业链跨区域深度融合，将形成若干承载城市核心功能的区域经济新据点，进而为推动综合客运枢纽功能从"换乘节点"到"区域目的地"的转变提供可能。如东京涩谷站地区成为"面向世界的信息传播枢纽"的核心，苏州北站则通过联动虹桥国际开放枢纽在"总部经济"中找到契合点。

二、上海存在的薄弱环节和瓶颈

高可达性是发展枢纽经济的前提，通过将重要交通枢纽与城市空间紧密融合，上海"站城融合"发展初见成效，虹桥商务区已成为全国枢纽经济样板。但目前市域辅助枢纽建设相对滞后，站城协同和枢纽经济规模效应发挥等方面仍显不足。

（一）枢纽建设与城市空间还不匹配

上海规划形成"四主多辅"的铁路客站格局[1]，但辅助枢纽建设缓慢，新城对外联系过度依赖上海虹桥、上海站等铁路客运主枢纽（见图 3-1）。松江新城 2020 年旅客发送量仅为 119 万人次，既低于同处于沪杭廊道上的嘉兴、嘉善，更远低于同等人口规模的昆山，未能有效支撑和引导新城的发展（见图 3-2）。一方面近沪城市通过国家干线铁路及城际铁路可直达上海中心城区，另一

图 3-1　都市圈铁路及主要客站现状示意

---

[1] 中国国家铁路集团有限公司 上海市人民政府关于上海铁路枢纽总图规划（2016—2030 年）的批复（铁发改函〔2019〕227 号）中明确规划形成上海、上海南、上海虹桥、上海东以及新杨行、松江南等"四主多辅"的铁路客站格局。

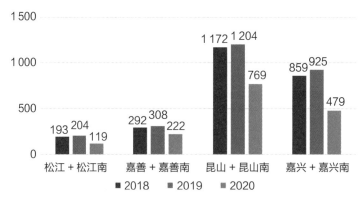

图 3-2　松江新城与周边城市铁路客站年旅客发送量对比
（单位：万人次 / 年）

方面新城对外交通便捷性普遍不足，导致新城吸引力远未达到规划预期。如上海吸引的跨市通勤就业居民中，选择在中心城就业的比重高达29.6%。

目前，枢纽一体化衔接水平和区域联动性不足，仍然存在集疏运体系和"最后一公里"衔接尚需完善等问题，导致枢纽对人流的吸引力不够，制约枢纽经济的发展。如南何支线上的北郊站、杨行站等区位条件优越，但线路及场站设施更新滞后，与太仓、南通等方向无法实现轨道交通联系，市域内重要功能板块之间也难以"直连直通"，直接影响了地区功能开发和环境品质提升。

（二）站城协同效应仍有待进一步提升

枢纽建设与地区开发尚未形成合力，造成枢纽对地区发展的带动作用有限。金山铁路是链接上海中心城与金山区的首条市域铁路，但车站与城市的协同关系较弱，对人口和产业吸引力不足。松江南站、安亭北站作为本市"四主多辅"铁路客站的重要辅站，区域交通可达性优势明显，但缺乏与城市功能的有效融合，枢纽的集聚效应及经济辐射带动作用无法得到充分发挥（见图3-3）。

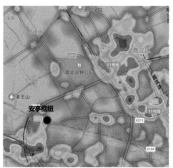

图 3-3　松江南（左）及安亭枢纽（右）周边早高峰客流热力图
（图片来源：百度慧眼平台）

由于产权、设计及施工界面的影响，站城空间难以"握手"，只能"碰拳"。大体量站房和封闭铁路阻隔空间，造成断头路和平交道口，交通联系不畅。大广场适应传统对外客运枢纽集散，但也造成地区可达性不足，如上海南站、上海站地区路网密度仅为 4.0 千米 / 平方千米，不及日本东京站周边路网密度的 60%。

传统可达性优势地区由于设施老化、用地权属复杂、产业能级不高等原因，也面临产业衰败、吸引力下降等问题。综合开发和"场所"营造受周边用地影响较大，由于车站周边区域用地权属复杂，人气魅力场所和城市活力中心形成困难。如北郊站周边待转型低效用地约 76 万平方米，但可开发用地形状不规则、分布零散、权属情况相对复杂，更新改造难度较大。

（三）枢纽经济尚未形成规模效应和竞争优势

虹桥商务区自设立以来，不断完善交通、会展、商务功能，建成全国最大的现代化综合交通枢纽，已成为全国枢纽经济的样板，但上海枢纽经济发展仍处于探索阶段。一是枢纽周边产业指向性不强，竞争优势较弱，高新技术企业和科研机构数量以及创新转化能力等不足，与高密度的经济增长极仍存在较大差距。如上海南站占地约 1.1 平方千米，交通节点功能已经趋于完备，但周边用地以居住为主，功能较为单一，难以承载枢纽经济的发展。二是枢纽周边功能与客流特性匹配性存在错位，引流、驻流不足。上海站交通枢纽地位显著，南广场大规模改造"不夜城"计划经过 20 年的建设，已经吸引了大量酒店、写字楼和商业投资。但上海站主要是以长距离出行为主的旅客特性，铁路"流量"转化为"留量"的比例不足 1%，主要功能仍以旅客服务为主，尚未完全成为综合性和高品质的地区。因此，亟须培育枢纽偏好型产业体系，充分实现要素集聚、转化和价值创造。

三、促进上海枢纽经济发展的建议

放大交通枢纽聚流辐射作用，重点是通过优化枢纽体系发展形态来支撑空间新格局，强化建设模式创新，确立综合交通枢纽地位，进而推动站城融合，促进枢纽经济发展。

（一）优化枢纽体系空间组织形态

统筹协调、错位发展，推动"一圈十字、集群联动、多向辐射"的枢纽体系空间组织形态形成（见图 3-4）。同时，强化站城融合、功能复合，扩大枢纽带动和对空间的支撑作用。

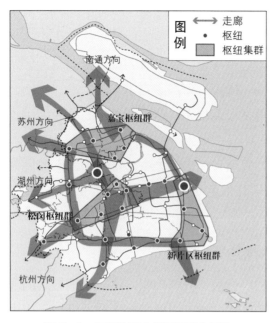

图 3-4 枢纽体系空间组织形态示意

图例
↔ 走廊
· 枢纽
▨ 枢纽集群

南通方向
苏州方向
嘉宝枢纽群
湖州方向
松闵枢纽群
新片区枢纽群
杭州方向

1. 圈层引领，构建开放协调的区域空间格局

强化"一城一枢纽"全面赋能新城，打造主城区外围环通辐射大都市圈的第一圈层。扩大枢纽对长三角的辐射，重塑新城与长三角及近沪城镇的链接，推动新城成为区域格局中的纽带、战略支点和前沿阵地。

2. 走廊支撑，提升城市能级和核心竞争力

紧扣国家多重战略叠加交汇和区域轨道交通加快建设的机遇期，提升虹桥国际开放枢纽南北拓展带以及衔接浦东综合交通枢纽的东西走廊能级。充分发挥全球资源配置、科技创新策源、高端产业引领和开放枢纽门户等功能，引领长三角一体化发展。

3. 集群联动，谋划创新转型发展新突破

加强枢纽和功能培育，形成多向辐射、优势互补、高质量发展的三大枢纽集群联动发展格局。北向重点围绕嘉定新城发展和宝山、静安产业用地转型和城市更新形成嘉宝枢纽群，西南向依托 G60 科创走廊、聚焦创新策源功能重点发展松闵枢纽群，东南向依托浦东综合交通枢纽和政策带动打造临港新片区枢纽群。

（二）创新综合交通枢纽建设模式

围绕"强枢纽、提品质、促转型"的总体思路，推进"四网融合"发展，实现从"有没有"到"够不够""优不优"的提升。

1. 从无到有，锚固对外枢纽引领城市中心功能集聚

加快实施区域发展廊道，优化城际轨道交通网络，为确立"四网融合"的立体综合交通枢纽地位提供强力支撑。对偏离主要发展廊道的区域功能中心，应考虑规划两条以上都市圈城际线，锚固并融入都市圈网络。如规划青浦新城站将形成三线换乘的对外综合交通枢纽，扩大对外辐射和联系。

新城对外客运枢纽应避免在城市开发边界以外选址，坚持与新城中心相结合，与多模式轨道便捷换乘，增强枢纽选址与功能中心耦合的机遇，以激发枢纽活力。为充分发挥城际线（市域线）与区域互联互通的优势，构建"内外衔接、站城一体"的新城综合交通枢纽，建议奉贤新城形成"望园路＋齐贤"的组合式枢纽，锚固新城中心，强化与中心城、临港新片区以及杭州湾沿线城镇的快速联系与直联直通，重塑南部枢纽地位（见图3-5）。

图3-5　奉贤新城枢纽布局示意

2. 由小做大，构建一体化的枢纽网络以提升枢纽能级

利用城市更新和再开发的契机，对既有铁路站点及周边地区进行综合开发和一体化改造，促进要素集聚与空间紧凑发展，增强枢纽作为城市核心空间的作用。松江南站作为干线铁路上的重要节点，将通过强化与上海南站的功能分工，并引入多层次轨道交通，打造成为上海西南方向重要门户枢纽。现状安亭枢纽（含安亭西站和安亭北站）空间和功能整体性不强，建议规划引入嘉青松金线、宝嘉线，在提升交通可达性的同时，实现枢纽节点功能和地区场所功能的双重提升（见图3-6）。

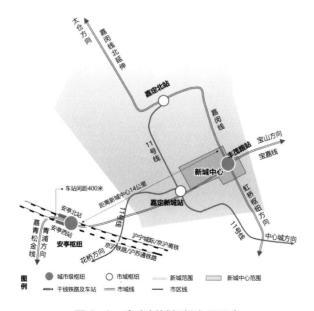

图3-6　嘉定新城枢纽布局示意

3. 转型升级，充分利用既有铁路资源激活地区发展潜力

以既有铁路资源利用为突破口，实现从交通保障型向功能引导型转变，为推动存量更新地区转型发展注入新活力。加强既有铁路资源利用，并对车站周边轨道交通资源进行整合。按照城市级枢纽深入核心区的总体思路，建议在南何支线利用的基础上，进一步研究轨道 26 号线走向，强化枢纽衔接与一体化建设，将北郊站打造成为链接上海大都市圈的城市级新枢纽节点。

南何支线串联市北、南大、桃浦、吴淞等科创板块，北郊站转型将显著提升市北地区的交通区位、拓展发展空间，推动地区转型并培育发展新势能。同时，也有助于推动市北、大宁整体发展，打造成为汇聚人气的北上海新的城市副中心和创新极核，并以廊道联动打通"策源—孵化—转化—应用"的区域创新链。

（三）打造枢纽经济发展空间新载体

发挥链接大都市圈的客运枢纽功能，强化枢纽功能引导，推动站城融合发展，形成要素高度集聚、信息全面互联、组织高度协同的枢纽经济发展空间载体。

1. 强化"聚而合"的功能

耦合上海城市公共活动中心体系和科技创新布局的综合客运枢纽将成为站城融合发展的核心载体。建议划定站城一体核心区（步行 5 分钟可达）和中心辐射影响区（慢行 15 分钟可达），以圈层结构引导核心功能、建筑体量向中心集聚，加快低效用地转型，推动高能级交通枢纽向经济枢纽转变。以满足不同人群需求为首要目标，打造多元功能融合的发展极核，并提供体验性、包容性的业态空间和消费场景，形成有活力的城市节点，实现**"出站即中心"**。伦敦国王十字车站机遇区基于"交通枢纽带动经济"的目标，涵盖办公、商业、住宅、教育等多元功能，并提供一定的弹性，成功地促进了车站与周边在社会经济关系上的缝合和修补（见图 3-7）。

图 3-7 伦敦国王十字机遇区及开发建设示意
（图片来源：《国王十字机遇区规划和发展纲要》）

2. 塑造"特而美"的形象

将枢纽及周边区域作为一个整体，通过精细化设计，利用交通联系缝合被铁路站场割裂的城市空间。同时，注重车站与城市建筑一体化，加快枢纽组织模式变革，推动新场景营造，打造多维立体的站城融合空间，如深圳西丽站、杭州西站等。同时，关注人的深层次需求和表达，优化商业和人文环境，增强艺术和文化要素，结合车站建筑设置不同功能和主题的广场及庭院，注重整体感并塑造具备个性的标志建筑群，以特色鲜明的景观形象强化枢纽地区意象。如国王十字车站活用历史与景观再开发，保留历史建筑局部特征进行改建和功能替换，提供传承历史文脉的公共活动场所，成为独具魅力的城市地标。

3. 探索"新而活"的机制

综合开发涉及诸多利益相关方，同时也是有序渐进的城市更新过程，如涩谷站跨越 20 年、分 4 期进行开发，并不断滚动更新。借鉴伦敦成立开发公司及法国成立"铁路、企业、政府"三方协调平台等做法，建议按照"广泛参与、统一平台、互利合作、确保品质"的原则，市、区合作成立开发平台，组建专业化的站城融合开发主体。同时，优化项目审批程序及管理机制，加大在土地权利交换、土地转性、混合使用、分层出让等方面的政策创新。如杭州西站将国铁红线与地方开发红线合为一个大的立体红线（见图 3-8），并通过竖向划分，确认产权界面、设计界面及施工界面等，实现站城目标统一。

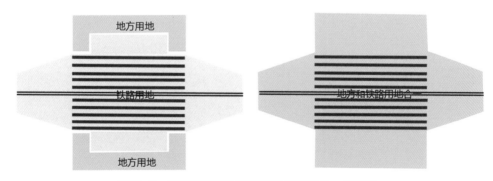

图 3-8　杭州西站地方红线与铁路红线合一示意图

职住空间关系也称职住关系，是关于居住、工作和通勤三者的关系，是城市空间结构的重要内容。平均通勤距离和时耗是居民通勤出行直观感受和生活品质的关键影响因素。随着城市发展空间尺度扩大，保障通勤质量已经成为城市空间治理面临的巨大挑战，长时间通勤将降低人们的幸福感，削弱工作满意度，并影响到城市对人才的吸引力。本议题通过对上海职住空间总体分布、分区域职住和通勤特征差异性，以及通道上的通勤客流均衡性等不同层面的分析，把职住平衡放在区域尺度下进行审视，将交通与用地布局作为调控职住空间关系的重要政策工具，提出：提高上海通勤质量，应以提升人的幸福感、获得感为目标，立足职住空间关系改善，重点聚焦公共交通服务完善，并以布局优化为主要抓手，推动沿公交走廊的职住平衡。此外，还提出了通过强化政策引导缓解重点区域通勤交通矛盾的建议。

CHAPTER 4

第四章

改善职住空间关系，
提高通勤幸福度

通勤联系与城市空间结构、功能布局紧密相关，"职"和"住"空间分离将增加通勤时间和成本。2022年，"我国1400万人忍受极端通勤"登上热搜，长距离通勤已成为大城市存在的普遍现象，通勤质量将直接影响城市发展和居民幸福感。改善职住空间关系是贯彻党的二十大报告关于"必须坚持在发展中保障和改善民生"的重要方面，是落实全国"十四五"规划纲要提出的"让全体人民住有所居、职住平衡"的重要任务。本议题从认识提高通勤质量重要性出发，审视上海职住空间关系的特征和存在的突出矛盾，提出提高通勤幸福度的相关建议。

一、通勤质量提高的重要性

职住是城市空间的核心功能，平均通勤距离和时耗是居民通勤出行直观感受和生活品质的关键影响因素。根据国内外研究，5千米内通勤是"幸福通勤"的最大阈值，45分钟是超大和特大城市中心城"理想通勤"时间分界线，而超过60分钟则被定义为"极端通勤"。

（一）提高通勤质量已成为城市空间治理面临的挑战

全国44个主要城市中心城区通勤距离普遍增长，超大城市平均通勤距离达到9.4千米[1]。仅51%的通勤人口可享受"幸福通勤"，超七成城市"极端通勤"加重，承受"极端通勤"的人口约1400万。2021年，北京是全国通勤距离最长、耗时最久的城市之一，上海中心城"幸福通勤"人口比重为46%，"极端通勤"比重达到18%，并存在进一步加剧的风险。

（二）长时间通勤将降低居民生活幸福感并影响健康

通勤是城市居民出行中的刚性需求，英格兰西部大学研究表明，长时间通勤将降低人们的幸福感，削弱工作满意度。"除了工作就是在路上，回家只想睡觉"，通勤时耗会影响健康及工作效率。根据英国医疗保险公司针对3.4万在职英国成年人的调查，单程通勤时间超过60分钟的，患抑郁症的风险会增加33%，肥胖可能性也会提升21%[2]。

（三）通勤体验将会影响城市对青年人才的吸引力

一座城市是否具备对青年人才的吸引力，直接关系到城市未来的发展潜力。越

---

[1] 资料来源：住房和城乡建设部城市交通基础设施监测与治理实验室，中国城市规划设计研究院，百度地图. 2022年度中国主要城市通勤监测报告[R]. 2022。

[2] 资料来源：中国青年报，中青在线. 通勤1小时，抑郁机率高33%[EB/OL].（2018-10-12）。

来越多的年轻人将通勤时间摆在了更重要的位置，43.6% 的毕业青年可接受的通勤上限为 60 分钟，33.2% 为 30 分钟内[3]。但受居住成本影响，居住在外围、就业在中心城区成为青年的无奈选择，北京、上海通勤青年居住在城市中心 15 千米圈层外的占比达到 72%。现状全国主要城市中，有近 600 万青年人通勤时间超过 60 分钟。

二、上海职住空间关系特征

职住空间关系也称职住关系，是关于居住、工作和通勤三者的关系，是城市空间结构的重要内容。

（一）职住空间分布总体合理

根据第七次全国人口普查，上海市域常住人口 2 487 万人。采用百度位置服务大数据识别，全市现有工作的人口约 1 201 万人，就业岗位约 1 206 万个。大量经验研究表明，职住比[4] 在 0.8 ~ 1.2 区间为相对均衡的理想状态，但该数值受到区域范围大小的影响。以职住比来识别上海的多中心空间结构特征，中心城区的职住比普遍高于外围地区，全市处于"理想状态"的交通大区[5] 比例达到 55%。

通勤与空间结构和功能布局紧密相关，以通勤 OD 关联识别，上海空间结构呈现出以中心城为核心、主城片区为次级中心的多中心、多层级、网络化特征（见图 4-1），中央活动区发育成熟，与"上海 2035"规划城乡体系和公共活动中心体系基本吻合。但同时也反映出次级就业中心发展不足的状况，尤其是新城副中心相对滞后，目前以与中心城联系为主要方向，因此需要进一步构建与新城规划定位和功能空间相匹配的交通体系强化支撑。

大区间通勤量
15   8   0
单位：万人
2 000人以下
已隐藏

主城片区范围
"五个新城"

图 4-1　通勤空间关系分析图

---

[3] 资料来源：58 同城，安居客. 2021 年毕业生就业居住调研报告 [R]. 2021.
[4] 给定区域内就业岗位与工作人口的比值，用以衡量区域职住空间分布的均衡程度。
[5] 根据分区边界和区位综合划分的交通分析区，其大小相对适合职住比指标对比。

近年来，上海居民平均通勤距离持续增加，但增速逐渐放缓，2014年、2019年、2021年分别为8.7千米、9.4千米和9.5千米。2021年，全国超大城市中心城总体平均通勤时耗为41分钟，上海市域内居民通勤时间为36.7分钟，新城平均通勤时间约30分钟，中心城通勤时间约43分钟（见图4-2）。中心城45分钟以内理想通勤比重约为69%，与2020年相比保持稳定。可以看出，上海目前通勤距离和通勤时间总体均处于合理的水平，一定程度上反映了城市空间结构的相对合理性。

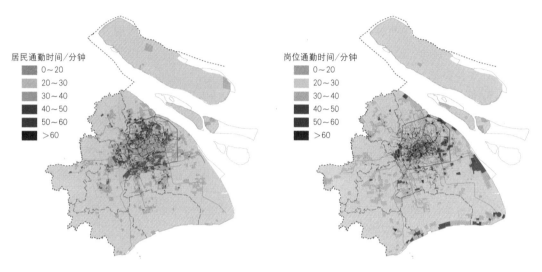

图4-2　居民通勤时间（左）及岗位通勤时间（右）分析

（数据来源：中国移动手机信令数据）

（二）分区域职住和通勤特征差异明显

目前，外围地区到中心城区的就业需求较大，通勤距离和成本较高，中心城以外居民的通勤距离普遍大于岗位的通勤距离（见表4-1）。主城区中，闵行主城片区就业人口和岗位的内部通勤比重均较高；外高桥等地区由于居住功能相对不足，内部通勤率处于较低水平，导致岗位通勤距离明显偏大。

内环内就业中心极化特征明显，居民就业选择性较大，平均通勤距离最短，但岗位内部通勤比例仅为34.8%。中心城西、北部地区就业中心发育不足，轨道通勤者的工作地主要分布在内环内和主要副中心，进一步加剧了职住分离现象（见图4-3）。

上海"五个新城"内部通勤比重平均达到65%，行政区内比重达80%以上，与中心城的通勤交换均在10%以内。奉贤新城内部通勤比例低于其他四个新城，就业人口和就业岗位的内部通勤比重仅为51.1%和58.9%。生态主导型城镇圈由于就业人口和就业岗位分布比较分散，平均通勤距离达到全市平均值的2倍。

表 4-1　上海主城区通勤相关指标表

区域	平均通勤距离（千米）	居民通勤距离（千米）	岗位通勤距离（千米）	人口内部通勤率（%）	岗位内部通勤率（%）
内环内	9.3	7.12	10.6	63.3	34.8
中心城	9.1	8.25	9.8	86.7	73.2
宝山片区	9.3	10.48	7.6	40.9	58.6
虹桥片区	9.4	8.68	10.1	40.1	37.1
闵行片区	8.8	9.19	8.4	58.2	62.0
川沙片区	9.7	10.15	9.3	36.8	40.7
外高桥地区	10.3	8.26	11.0	42.2	15.3
主城区	9.1	8.56	9.6	90.7	81.0

图 4-3　轨道通勤者居住地（左）及工作地（右）分布热力图

（数据来源：百度大数据）

全市对外通勤量占比约 1%，其中约 7 万常住人口在上海市域外工作，约 11.7 万的就业岗位在上海市域外居住。跨市通勤主要发生在毗邻上海的周边区域，占对外通勤量的 66.3%。由于新城吸引力和对外交通便捷性不足，跨市通勤中在中心城就业占比 29.6%，且距离普遍较长，10 千米以内仅为 19%。

（三）上海通勤客流通道不均衡矛盾突出

内环内轨道通勤客流通道较为均衡，但由于外围次级就业中心发育不足，早高峰与内环内联系的客流持续累积，导致外围地区尤其是内外环间不平衡性明显（见图4-4）。宝山、嘉定及松江等至浦西内环内方向、浦东南部近郊及闵行浦江镇至中心城方向通勤通道不平衡系数超过3，青浦－虹桥－中心城方向不平衡系数也在2以上。职住通道的不平衡性，形成了"明显的潮汐交通"，导致轨道交通线网在早高峰入城方向上的运能不足（断面客流达4万～6万人次／小时）和反方向运能浪费（出城方向仅0.5万～1万人次／小时），尤其是内外环间，客流拥挤状况频发。如服务浦东地区的轨道交通6号线在高峰时段需要在巨峰路采取限流措施，但全日客流强度仅为1.38万乘次／千米，而2号线全日客流强度达到2.1万乘次／千米。

图4-4　上海市轨道交通早高峰断面客流及拥挤度分析

（数据来源：上海申通地铁集团有限公司）

三、提高上海通勤幸福度的相关建议

实现高质量通勤是增强生活幸福感的重要途径，成都、北京、苏州等城市陆续推出通勤提升专项行动。提高通勤幸福度，不仅要关注居住与就业功能的空间耦合，更要关注市民在可接受的时间内获得更多的就业机会和更加公平地享有各类公共服务资源。

（一）完善公交服务，支撑市域职住空间关系改善

轨道交通站点覆盖率以及通过公交方式在 45 分钟内通勤的人口比重是测度城市公交通勤服务能力的核心指标。城市应保障人人享有公平、包容和可持续的交通服务，减轻通勤族负担，提升幸福感。

1. 强化轨道交通与职住空间的契合

现状上海轨道交通站点 600 米覆盖了 29.4% 的常住人口和 41.1% 的就业岗位，但主城片区和新城轨道交通站点服务短板突出（见表 4-2）。因此，需要依托多模式轨道交通系统，推动城市建设与交通供给升级，加快实现广域覆盖。中心城重点是关注网络功能提升和副中心枢纽强化。主城片区核心是加快推进轨道交通切向线建设，提升就业中心均衡性和吸引力。新城应立足都市圈轨道网络，锚固枢纽地位，并以局域线升级地区公交走廊，形成从产业政策到系统制式的统一引导。

表 4-2　现状轨道交通站点 600 米覆盖率　　　　　　　　　　单位：%

区域	面积覆盖率	现状人口覆盖率	现状岗位覆盖率
内环内	78.4	82.5	86.0
内外环间	35.2	43.2	47.5
中心城小计	42.6	54.2	64.6
主城片区	10.8	16.6	22.6
主城区小计	29.0	46.1	58.0
新城小计	3.4	8.4	4.2
主城区及新城以外	1.5	6.6	5.6
全市合计	6.4	29.4	41.1

2. 增强中心城 45 分钟公共交通服务能力

深圳中心城 45 分钟公交服务能力达到 56%，是超大、特大城市中的"优等生"。上海中心城现状 45 分钟公交服务能力仅为 47%，需要进一步强化轨道交通与职住

空间契合度，持续优化轨道出行接驳。重点是扩大地面公交"最后一公里"的覆盖能力，并构建独立连续、安全舒适的自行车和步行体系。同时，利用信息技术推动交通供给模式创新，科学配置共享单车，设置柔性公交，实现出行服务整合，提高居民获取高品质交通服务和多样化选择的能力。如长沙通过打造智能网联定制公交，精准改善极端通勤，成为唯一45分钟公交服务能力连续三年提升的城市。

（二）优化用地布局，推动沿公交走廊的职住平衡

随着城市规模的不断扩大、功能的不断增加，组团式发展和多中心、网络化的空间结构是普遍选择，但组团内部的完全自我职住平衡很难实现，因此需要推动沿交通走廊的职住平衡。

1. 平衡廊道沿线居住和岗位增量

通过对顾村、大华等大型居住区分析发现，45分钟通勤者比例受居住周边区域可提供的就业岗位密度影响显著，因此需要关注市民在可接受的时间内获得更多的就业机会。建议利用大容量、快捷的公共交通连接各个组团形成交通走廊，统筹沿线产业布局和居住用地关系，形成具有较高职住平衡度的空间结构。重点是聚焦轨道交通1、7、9、11号线等通勤客流不均衡性较高的走廊，结合城市更新和轨道交通网络规划建设，在公共交通高可达性地区谋划多点均衡、各具特色的区域性就业和服务中心，强化产业—居住的用地协同，降低外围居住中心对中心城就业中心的过度依赖，促进职住关系重构。

2. 引导建立基于枢纽的综合开发模式

都市圈、城市群已成为承载国家竞争力的全新空间载体，职住平衡需要突破行政边界在区域尺度下重新审视。服务日益增长的高频次、中短距、高时间价值跨界通勤人群的需求，聚焦"五个新城"及北郊站等发展潜力地区，持续提高节点城市独立性及跨界联动性。推动以枢纽站为核心的站城融合发展，形成枢纽与面向区域的功能中心紧密结合的空间形态。避免郊区的就业和居住的不平衡和长距离通勤，围绕轨道站点形成高度集聚、逐级递减、功能复合的土地开发模式。持续完善居住—就业—生活功能，丰富"轨道+公交+慢行"多样化绿色出行选择，进而扩大"幸福通勤"比重。

（三）强化政策引导，缓解重点区域通勤交通矛盾

按照职住平衡理念和标准进行规划建设，居民可以采用最为高效的方式完成通勤。但在实际生活中，职住地选择未必完全契合规划建设目标，还受到居住成本、周边环境、生活便利性以及教育资源等因素的影响，需要进一步强化政策引导。

1. 推动城市更新地区产城融合发展

在城市更新地区，探索建立产城融合指标体系，重点优化未建产业用地及低效产业用地功能，解决功能单一、居住公建等难以有效衔接等问题。如广州市为优化城市功能和人口布局，以城市更新为契机，发布产城融合职住平衡指标体系，强化用地功能的混合，实现通勤效率提升和人居环境改善[6]。

2. 构建以住房为核心的保障体系吸引青年人

青年人喜欢社交和互动，53.51% 的青年人愿意为短通勤选择高房租，但目前房租收入比已经达到 31.4%[7]，而通勤状况仍然不理想，因此需要持续促进住房资源与产业布局平衡布置。建议加大轨道交通站点 600 米范围内的新增住宅中的保障性租赁房比例，引导房源优先用于刚需人群和重点领域高层次人才。如 2022 年合肥高新区将用于职住平衡试点工作的房源比例由 30% 提高至 50%[8]。此外，提供特色化和多样化的创新居住产品，打造"居住 + 办公 + 社交"的全新平台，强化就近配套，不断提升通勤效率和质量，增强对年轻人的吸引力。

3. 探索公共交通可达性技术在规划建设层面的应用

可达性分析作为针对性的政策工具，服务于城市规划建设和决策之中。以伦敦为代表形成了完整的应用体系，指导城镇中心体系划分，引导发展潜力地区沿公交走廊布置，评估交通系统公平合理性以及通勤改善效果等。建议将可达性分析纳入本市规划研究和编制管理，强化人口、用地、交通等要素间的匹配分析，支撑职住空间关系优化。加强规划建设和交通等部门的联动，识别交通高可达性地区，引导项目审批和用地投放调控等，从城市规划、建设和管理等各环节促进增强通勤品质和幸福度的实现。

---

[6] 资料来源：广州市规划和自然资源局. 广州市规划和自然资源局关于印发《广州市城市更新实现产城融合职住平衡的操作指引》等 5 个指引（2022 年修订稿）的通知 [A]. 2022。

[7] 资料来源：前程无忧，魔方公寓. 都市新生代职住平衡"二选一"[R]. 2022。

[8] 资料来源：合肥高新区管委会. 合肥高新区职住平衡试点工作方案 [A]. 2022。

城市关键岗位人员是保障市民基本生存、确保城市正常运转、维护社会安全稳定的重要力量。新冠疫情等突发事件显示了城市对关键岗位人员的依赖性，一旦关键岗位保障缺位，将会对城市基本运行和治理造成风险。全市约有 100 万的关键岗位人员，主要从事医疗卫生、市政公共事业、农副产品供应、安全救援、公共管理等五类服务保障工作，具有工作强度大、全天候待命、户外工作占比高等岗位特征，且大部分是中低收入者，面临居住和生活服务保障问题。因此，为增强城市在危机中的韧性，更好满足人民对美好生活的需要，应加强对关键岗位人员的服务保障，更精细化关注各类人群，提升城市的包容性。一是构建关于关键岗位人员的跟踪研究机制，掌握其发展情况和人员需求，及时制定相关保障政策；二是拓宽供给渠道、优化规划布局，保障关键岗位人员多层次的租赁住房需求；三是将关键岗位人员需求全面纳入城市公共服务保障体系。

CHAPTER 5

第五章

加强关键岗位人员服务保障，提升城市包容性

城市关键岗位人员是保障市民基本生存、确保城市正常运转、维护社会安全稳定的重要力量。新冠疫情等突发事件显示了城市对关键岗位人员的依赖性，一旦关键岗位保障缺位，将会对城市基本运行和社会稳定造成安全风险。同时，城市对关键岗位人员的包容性，也是城市人文和治理文明的重要体现。党的二十大报告指出，"提高公共安全治理水平，推动公共安全治理模式向事前预防转型"，"我们要实现好、维护好、发展好最广大人民根本利益，采取更多惠民生、暖民心的举措"。为此，本议题对上海关键岗位人员开展初步研究，提出应对岗位特殊需求、加强服务保障的政策建议，以供决策参考。

一、对关键岗位人员的基本认识

近年来在应对新冠疫情等突发事件的过程中，世界各国越来越关注到关键岗位人员在确保城市正常运转、维护社会安全稳定中的重要作用，纷纷出台政策**优先确保关键岗位人员需求，使他们无论在平时还是突发事件下都能正常开展工作**。权威词典《柯林斯英语词典》评选了 2020 年度英文十大热词，"关键岗位人员（key worker）"位列第三，仅次于"冠状病毒（coronavirus）"和"暂时解雇的雇员（furlough）"。

不同国家对关键岗位人员的范围界定不尽相同，但核心都是那些为市民提供基本生存保障的人员。他们解决市民有饭吃、有水喝、有安全住所、有医疗救助等最基本的生存需求，具体包括**从事医疗卫生、市政公共事业、农副产品供应、安全救援保障工作的一线人员，以及部分政府、基层组织等公共管理部门的相关工作人员**。除此之外，有的国家将支持上述岗位人员工作的人群也作为关键岗位人员，如运输和物流，教育和儿童保育，以及媒体、金融等重点公共服务部门的一线工作人员；有的国家为保障重点产业发展，还将生产制造工人纳入关键岗位人员范畴（见图 5-1）。

本章聚焦下图核心圈层，从保障市民基本生活需求、维持城市基本运转出发，将关键岗位人员定义 5 个领域、9 大类（见表 5-1）。按照第四次全国经济普查数据估算，**上海市关键岗位人员约 100 万，总数接近全市就业人员的十分之一**（见表 5-2、图 5-2）。分行业来看，医疗卫生约占 30%，农副食品供应和公共管理大致各占 20%，市政公共事业和安全救援大致各占 15%。

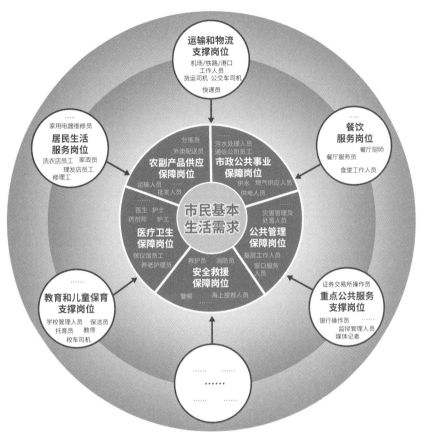

图 5-1　不同国家"关键岗位人员"涉及的岗位类型示意图

表 5-1　关键岗位人员职业分类一览表

编号	类型	职业分类 (分类标准:《中华人民共和国职业分类大典(2022 版)》)		
		大类—名称	中类—名称	小类—代码及名称
1	医疗卫生保障	专业技术人员	卫生专业技术人员	2-05-01 临床和口腔医师 2-05-08 护理人员
		社会生产服务和生活服务人员	居民服务人员	4-10-01 生活照料服务人员 4-10-06 殡葬服务人员
			健康服务人员	4-14-01 医疗辅助服务人员
2	市政公共事业保障	社会生产服务和生活服务人员	水利、环境和公共设施管理服务人员	4-09-07 环境治理服务人员 4-09-08 环境卫生服务人员
			电力、燃气及水供应服务人员	4-11-01 电力供应服务人员 4-11-02 燃气供应服务人员 4-11-03 水供应服务人员
		生产、运输设备操作人员及有关人员	电力、热力、气体和水生产和输配人员	6-28-01 电力、热力生产和供应人员 6-28-02 气体生产、处理和输送人员 6-28-03 水生产、输排和水处理人员

编号	类型	职业分类 （分类标准：《中华人民共和国职业分类大典（2022版）》）		
		大类—名称	中类—名称	小类—代码及名称
3	安全救援保障	办事人员和有关人员	安全和消防及辅助人员	3-02-01 人民警察 3-02-03 消防和应急救援人员
4	农副产品供应保障	社会生产服务和生活服务人员	批发和零售服务人员	4-01-05 特殊商品购销人员
			交通运输、仓储物流和邮政业服务人员	4-02-02 道路运输服务人员 4-02-05 装卸搬运和运输代理服务人员 4-02-06 仓储物流服务人员
			居民服务人员	4-10-08 社区生活服务人员（网约配送员）
		生产、运输设备操作人员及有关人员	农副产品加工人员	6-01-01 粮油加工人员 6-01-04 畜禽制品加工人员 6-01-05 水产品加工人员 6-01-06 果蔬和坚果加工人员
5	公共管理保障	国家机关、党群组织、企业、事业单位负责人	中国共产党机关负责人	1-01-00 中国共产党机关负责人
			国家机关负责人	1-02-01 国家行政机关负责人
			基层群众自治组织负责人	1-05-00 基层群众性自治组织负责人
		办事人员和有关人员	行政办事及辅助人员	3-01-01 行政业务办理人员 3-01-02 行政事务处理人员 3-01-03 行政执法人员 3-01-04 社区和村镇工作人员

表 5-2 上海关键岗位从业人员规模构成表

编号	类型	从业人员规模（万人）
1	医疗卫生保障	30.6
2	市政公共事业保障	15.4
3	安全救援保障	12.6
4	农副食品供应保障	23.2
5	公共管理保障	18.5
小计		**100.3**

（数据来源：根据第四次全国经济普查数据估算）

图例

- >6 182人／平方千米
- 2 729~6 182人／平方千米
- 1 493~2 728人／平方千米
- 909~1 492人／平方千米
- 544~908人／平方千米
- 307~543人／平方千米
- 166~306人／平方千米
- 74~165人／平方千米
- 19~73人／平方千米
- ≤18人／平方千米

图 5-2　上海关键岗位密度分布示意图

（数据来源：第四次全国经济普查数据）

二、上海关键岗位人员的岗位特征与人群画像

（一）岗位特征

1. 工作强度大

工作时间长、劳动强度大、休息时间少是关键岗位人员的普遍特征。比如在新冠疫情前，我国二、三级医院医生每周工作时间已超过 50 小时；疫情后，65% 的医护人员工作时间有所增加，超过 40% 的医生和 24% 的护士每周工作时间超过 56 小时[1]（见图 5-3、图 5-4），高达 73.42% 的护工每周工作时间在 70 小时以上，法定节假日不能休息的占到 78.94%[2]。

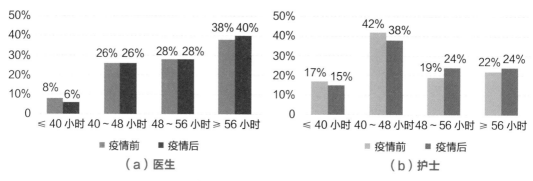

（a）医生 　　　　　　　　　（b）护士

图 5-3　疫情前后医生、护士每周工作时长对比

（数据来源：医学界智库）

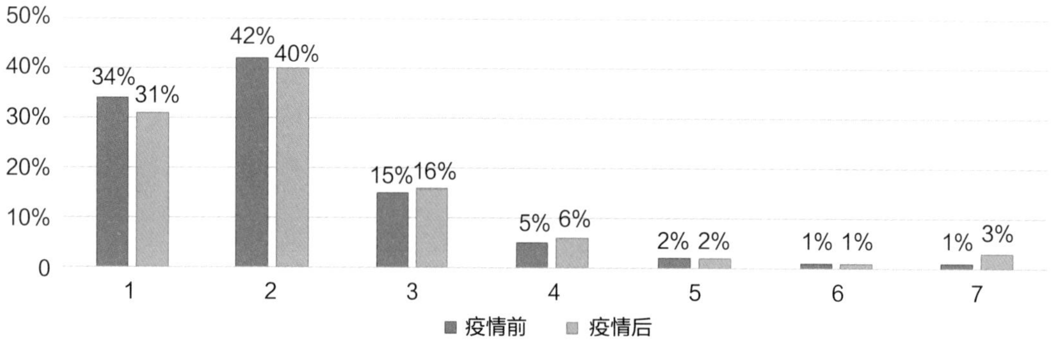

图 5-4　疫情前后医护人员每周值夜班数对比（单位：次）

（数据来源：医学界智库）

---

[1] 数据来源：医学界智库开展的"2020 中国医护执业现状调研"，共收集到 1 056 份有效问卷，覆盖全国 31 个省市及自治区。

[2] 袁雪飞，潘秋烨. 上海护工护理员群体状况调查 [J]. 科学发展 . 2020（6）：106—112。

农副产品供应人员凌晨三四点已开始工作（见图 5-5），外卖配送员则是以跑单量为标准提升工资待遇，1/4 的电商物流与快递从业人员平均每天工作时长 10 ～ 12 小时，12 小时以上的占 13.3%[3]。

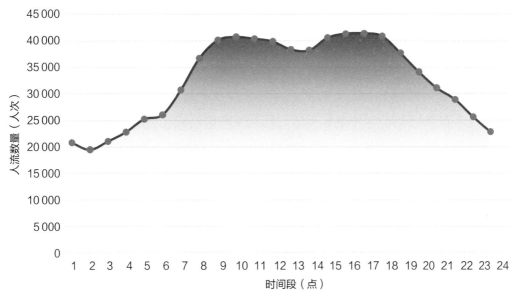

图 5-5 上海市大型农副产品批发市场 24 小时人流监测情况

（数据来源：百度大数据）

2. 全天候待命

由于职业的特殊性，关键岗位人员通常需要 24 小时全天候待命，一旦出现突发情况，要在规定的时间内迅速到岗、履行职责，如警察、消防员、医生、市政维护维修人员等。一些服务性岗位也是如此，三级医院每位护工平均照护 3 ～ 4 个床位[4]、护理院平均照护 10 个以上床位，她们需要随时响应病患和家属的需求。为了适应岗位特殊需求，大部分护工甚至没有固定住所，选择在病房中临时解决住宿问题。

3. 户外工作多

交警、巡警、环卫工人、外卖配送员、货车司机等是工作在路上的关键岗位人员，他们风雨兼程，守护和便利千家万户。上海每天有 4 000 多名巡逻民警在执勤，他们有的日行 2 万步，有的车巡超过 200 千米，维护警区的治安、交通秩序和

---

[3] 中国物流与采购联合会 . 2021 年货车司机从业状况调查报告 [R]. 2021。
[4] 王燕、贾同英等 . 上海市护工行业市场现状的调查与分析 [J]. 中国医院，2016（7）：69-71。

公共安全。全市 5.3 万余名一线环卫工人，则每天需要清理生活垃圾 2 万多吨，保洁面积 1.87 亿平方米[5]。货车司机月均行驶里程中，行驶 10 000 千米以上的占 41.4%[6]。在上海今年疫情静态管理期间，1.8 万在岗外卖配送员，每天配送量达到 180 万多单，人均每天 100 多单[7]。

（二）人群画像

从上海关键岗位人群画像来看，除学历水平较高的专业技术人员（主要分布在医疗卫生领域）和国家公职人员（主要分布在安全救援保障、公共管理保障领域）外，绝大多数关键岗位为中低收入的"社会生产服务和生活服务人员"及"生产运输设备操作人员及有关人员"，这一部分人群占到关键岗位的 50% 以上。英国、美国和澳大利亚等国家也将关键岗位中的中低收入者作为需要重点关注和保障的对象，因为他们的住房和生活服务问题更容易被忽视，从而对城市正常运转造成重要影响。在此背景下，针对他们的政策研究和资助项目日渐成为热点。通过对上海上述人群画像研究，大致具有以下三方面的特征：

农村打工族。关键岗位大多属于劳动密集型行业，准入门槛较低、就业灵活性强，吸纳了大量学历层次不高、没有太多技能的农村剩余劳动力，成为很多外地来沪打工人员实现迅速就业的主要渠道。护工、环卫工人、农副产品批发、货车司机等传统型关键岗位人员 70% ~ 90% 为初中及以下学历，且年龄偏大，如 55 岁以上的环卫工人占比约 70%。

中低收入族。养老护理员、环卫工人的收入水平仅 5 000 元 / 月，不到全市平均水平的一半；农副产品批发、外卖配送员的平均工资水平略高，也只在 6 000 ~ 8 000 元 / 月，离上海平均水平（11 396 元 / 月）相距甚远。此外，这些关键岗位人员的社会保障十分匮乏，外卖配送员、货运司机、护工护理员等关键岗位人员多数是灵活就业者，未签订正式的劳动合同，缴纳社保的比重较低。如护工护理员，40% 缴纳城乡居民医保（含新型农村合作医疗保险）和城乡居民养老保险（含新农保），但上海社保参保率不到 10%，另有约 15% 没有任何社会保障[8]。

非正规居住族。由于对租金和通勤时间高度敏感，使他们很难在工作地点附近获得适当的可负担的住房。因此，这些人员居住环境普遍较为简陋，他们大多租住

---

[5] 金旻矣 . "联通"暖意 上海关爱环卫工人"爱心接力站"新增 77 个 [N]. 新民晚报，2021-12-31。
[6] 中国物流与采购联合会 . 2021 年货车司机从业状况调查报告 [R]. 2021。
[7] 数据来源：上海市新冠肺炎疫情防控第 155 场新闻发布会。
[8] 袁雪飞，潘秋烨 . 上海护工护理员群体状况调查 [J]. 科学发展，2020（6）：106-112。

在旧式里弄、城中村、临时房、群租房（见图 5-6）。从对全市 18 个大型农副产品批发市场工作人员居住地分析发现，有 41% 居住在农民房、城中村或其他非正规住宅中（见图 5-7）。

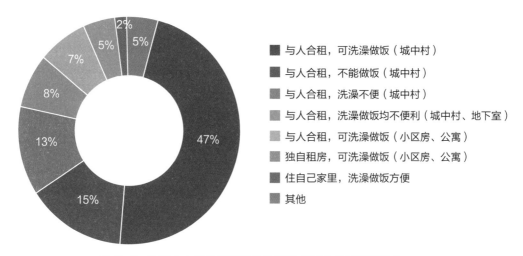

图 5-6　2021 中国外卖骑手住房条件及基本生活状况分布

（数据来源：《2021 中国外卖骑手工作与生活状况调研报告》）

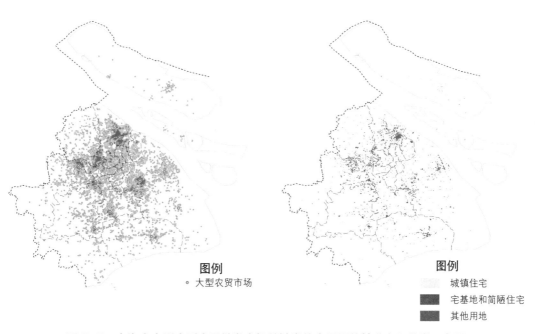

图 5-7　上海市大型农副产品批发市场关键岗位人员居住地分布和分类示意图

（数据来源：百度大数据）

三、关键岗位人员需求分析

（一）就近居住需求

住房是民生之本，也是关键岗位人员对城市服务保障的首要需求，因岗位和人群的特殊性，其居住需求呈现两方面的特征。

1. 离工作场所近、与岗位性质相匹配

对于需要随时待命和与社会作息相反的关键岗位人员来说，就近居住能有效保障工作任务的快速响应。但通过大数据分析发现，全市 35 所三甲医院工作人员平均通勤距离长达 11.9 千米，18 个大型农副产品批发市场工作人员平均通勤距离为 6.9 千米。同时，通过对市绿化市容局调研显示，当前环卫工人的极端通勤已长达电动车骑行 1 小时以上。这种长距离通勤与岗位需求形成错位，将会导致城市在突发应急状态下，关键岗位响应不及时的问题。

2. 费用可负担、环境有保障

对于占比过半的低收入关键岗位人员来说，住房问题是他们留沪的第一大问题，居住费用可负担是他们最看重的居住条件之一。当下，随着城市更新改造的推进，旧里、老旧住房和城中村逐步消失，群租房不被允许，政府运营的公共租赁房一房难求，市场运营的蓝领公寓数量少，这些人员面临不得不搬到租金便宜的远郊地区居住，或继续寻求其他的非正规居住方式的困境。

此外，关键岗位人员提供服务过程中接触人群普遍较多，如果没有良好卫生条件的居住环境，极易成为疫情防控，乃至公共安全的风险点。上海今年疫情静态管理期间，一方面农副食品保供人员的居住难问题突显，另一方面他们平时居住的城中村、老旧小区等成为阳性感染者的高发场所，如紧邻江桥蔬菜批发市场的嘉定区江桥镇五四村，总共 9 000 多人的城中村，确诊感染者超过 1 200 例。

（二）户外工作休息补给需求

对于以户外工作为主的关键岗位人员，其用餐、补水、休息、充电等需求不容忽视。目前，全市 1 000 多家户外职工爱心接力站和一些骑手驿站满足了部分户外关键岗位人员的需求，但还需要按照不同岗位的工作节奏和方式提供精准服务。只有不到半数的快递员对工作区域内的公共设施（如公共厕所、公共座椅等）数量表示还满意。货车司机中有 60.6% 的在路边停车场、就餐停车场休息，28% 左右在

物流园区、货运场站等专线停车场休息[9]。

（三）职业培训教育需求

大部分关键岗位准入门槛较低、就业灵活性强，吸纳了大量学历层次不高、没有太多技能的农村剩余劳动力。伴随着市民对生活品质要求的全面提高，这些关键岗位人员的职业技能、职业素养、学历水平亟待提升。上海护工护理员队伍中，持有初级、中级、高级工及技师证书的不足 5%[10]。约 7 万名持证养老护理员中，拥有中级及高级职称的占比尚不足 10%，与日益增大的养老需求之间存在明显落差。

与此同时，很多关键岗位人员也希望通过职业教育打开职业上升通道，有调查显示超过一半网约配送员[11]、七成护工护理员[10]都希望获得教育培训和学历提升。

（四）生活服务需求

关键岗位人员中大部分为中低收入群体，他们对生活服务成本较为敏感。受新冠疫情冲击、需求持续减弱、城市更新改造等因素影响，菜场、小吃店等社区商业设施逐步萎缩，被大型商业综合体、生鲜超市等业态替代，推高了生活服务成本，压缩了中低收入关键岗位人员的生存空间。

此外，由于工作时间长、强度大，户外独立作业比重高，而且大多为外来人口，缺少来自朋友、亲人的陪伴，调查显示约九成网约配送员无法与家人同住，存在较强的社会交往需求，他们相比其他岗位人员更需要社会交往的空间。

四、提升上海对关键岗位人员服务保障的策略建议

放眼世界，城市人口膨胀、贫富分化、种族歧视、文化冲突等问题日益严峻，叠加突发的新冠疫情和紧迫的气候变化问题，进一步加剧了城市内部的不平等与排斥现象，提升包容性已然成为全球城市普遍关注的议题。上海城市发展需要对中低收入的关键岗位人员具有更大的包容性，这不仅是因为随着人口红利和农村剩余劳动力的逐步减少，上海将面临中低收入关键岗位人员数量不够、保障不足的风险，更是因为包容性是衡量一个城市人文和治理文明的重要尺度，是城市可持续发展的根本动力。

[9] 中国物流与采购联合会 .2021 年货车司机从业状况调查报告 [R]. 2021。
[10] 袁雪飞，潘秋烨 . 上海护工护理员群体状况调查 [J]. 科学发展，2020（6）：106-112。
[11] 刘友婷 . 美团外卖四项举措助推骑手成长 [N]. 工人日报，2021-11-22。

（一）深化对关键岗位人员的认识和研究

关键岗位人员是保障上海市民基本生活、维持城市基本运转、维护社会安全稳定的重要基石，但相比他们对城市的重要性而言，目前针对关键岗位人员的研究甚少，人文关怀和政策保障尚显不足，有必要对关键岗位人员工作生活状况、岗位需求和政策保障开展持续跟踪研究。一是要构建关键岗位人员跟踪监测机制，定期开展专项统计调查，动态跟踪监测关键岗位人员的规模总量、收入水平、通勤状况、居住状况等。二是要开展关键岗位人员前瞻性研究，围绕上海人口老龄化、外来人口增长放缓等趋势，系统评估和研判关键岗位人员的专业技能需求、劳动力储备需求等。三是要加强对关键岗位人员的政策保障，研究制定向关键岗位人员倾斜的住房、户籍、金融、职业教育等政策，并做好实施效果跟踪评估。

（二）加强对关键岗位人员的住房保障

1. 拓宽供给渠道，完善多方参与的住房保障体系

虽然上海在市级层面已经对环卫、公交、应急保障、邮政、快递、电信、水务、电力、燃气、养老等为城市运行和市民生活提供基础性公共服务的一线职工，出台了加大公租房支持保障力度，截至 2022 年底，全市共筹措宿舍型租赁床位 4.1 万张。然而，相较于巨大的保障性租赁住房需求，目前的供给规模和计划还远远不够，需要"加快建立多主体供给、多渠道保障、租购并举的住房制度"，通过集中新建、商品房配建、存量建筑转化等方式，政府、企事业单位、市场等多方参与，共同建设筹措保障性租赁住房，并在申请资格和租金上加强对关键岗位人员的支持保障。

2. 优化空间布局，提高居住与就业的空间匹配度

关键岗位人员的居住地与工作场所宜属于同一应急分区或分片管理单元内，以保障区域内的基本运行。因此，加强关键岗位人员住房保障的核心是使关键岗位人员能在工作地点附近获得可负担的住房。在扩大保障型住房供应总量的基础上，还需要结合各片区关键岗位人员的规模和分布情况，就近布局保障性租赁住房，尽量减少他们通勤的经济成本、时间成本和精神成本，从而更好地响应城市应急需求。建议根据关键岗位布局，中心城结合城市更新，多渠道筹措租赁房源，加大保障性租赁房供给规模；主城片区结合产业转型，有序增加供应；新城在重点地区加大供应力度；郊区的其他地区则需控制供应节奏，按岗位需求适度配置。

3. 分类分级配置，满足多层次、多样化租赁住房需求

根据关键岗位人员的职业类型、收入水平、家庭结构和现状居住情况和需求，分类分级做好关键岗位人员的租赁住房规划，满足他们多层次、多样化的租赁住房需求。例如：为中低收入的关键岗位人员提供满足基本生活需求的"一张床"或"一间房"，为租金负担能力较强的关键岗位人员提供满足品质生活的"一套房"。

（三）将关键岗位人员需求全面纳入公共服务保障体系

基本公共服务配置的关键在于服务对象，需要在深入调研关键岗位人员工作和生活需求的基础上，精准配置公共服务设施。一方面将居住在非住宅用地上的关键岗位人员纳入公共服务配置的人口基数；另一方面通过政府主导、市场参与，加强定制化公共服务设施的空间配置和运营管理，保障关键岗位人员的特殊需求。

在目前社区生活圈和千人指标配置基础上，建议打造户外劳动者 15 分钟服务圈，推进爱心接力站、骑手驿站等面向户外劳动者的服务设施建设，提供休息、饮水、充电、卫生间等基本服务；建议依托社区学校规划建设，设置面向关键岗位人员开放的学习场所，鼓励通过在线教育、夜大学等多种方式，开展职业技能评定培训，健全终身职业技能培训制度，以提高关键岗位人员职业技能和文化修养；建议将满足基本生存服务的商业设施纳入公共服务保障体系，为关键岗位人员提供可负担的基本生活服务，加强社区食堂、菜市场、早餐店、维修店等社区低成本便民商业的空间供应和运营管理。

历史文化名城保护对于提升城市软实力和强化文化自信具有重要意义，而有效的制度设计是历史文化名城保护实施的保障。1986 年上海被公布为第二批国家历史文化名城，此后逐步建立起较为完整且严格的历史文化保护制度，其中很多探索走在全国的前列。但随着城市建设管理日益精细化，保护制度中的一些深层次矛盾和瓶颈问题日益凸显。2021 年 8 月，中共中央办公厅、国务院办公厅印发《关于在城乡建设中加强历史文化保护传承的意见》，要求始终把保护放在第一位，加强制度顶层设计。为落实两办要求，本议题对上海历史文化名城保护体系与制度建设进行全面评估，并借鉴国内外城市经验，从管理机制、政策法规、实施保障等方面，对优化历史文化名城保护制度顶层设计提出建议。

CHAPTER 6

第六章

完善制度顶层设计，
加强历史文化名城保护

1982 年 2 月，国务院公布第一批国家历史文化名城，标志着历史文化名城保护制度的确立，这是我国坚持"保护优先"、落实"整体保护"的基础性制度安排。上海于 1986 年 12 月获批为第二批国家历史文化名城，此后经过长期的努力，逐步建立起较为完整的历史文化保护制度和保护体系，在保护历史风貌、弘扬城市文化方面发挥了重要作用。

2021 年 8 月，中共中央办公厅、国务院办公厅印发《关于在城乡建设中加强历史文化保护传承的意见》（以下简称《两办意见》），要求"本着对历史负责、对人民负责的态度，加强制度顶层设计，建立分类科学、保护有力、管理有效的城乡历史文化保护传承体系"。制度的顶层设计是统领全局、推进历史文化保护工作的关键和基础。因此，本议题聚焦制度顶层设计，对照国家对历史文化保护的新战略、新要求，系统梳理和评估上海历史文化名城保护的管理机制、政策法规、实施保障，发现问题并提出优化建议。

一、上海历史文化名城保护制度的基本情况

（一）起步较早并建立起较为完整且具地方特色的保护制度

上海非常重视历史文化保护的制度建设，获批为国家历史文化名城之后，逐步探索建立保护制度，在管理机制、地方立法、特色对象保护等方面都走在全国前列。

1989 年，上海首次提出优秀近代建筑保护名单，1991 年颁布的《上海市优秀近代建筑保护管理办法》是我国第一部有关近代建筑保护的地方性政府法令。2002 年，在原保护管理办法的基础上，通过市人大立法正式颁布《上海市历史文化风貌区和优秀历史建筑保护条例》，进一步提高了历史建筑保护的法律地位，并正式在法律层面上明确了历史文化风貌区的保护，同时还将保护建筑的对象扩大到包括产业建筑在内的 30 年以上的历史建筑。此后，结合风貌区保护规划编制和管理，将风貌保护道路（街巷）和风貌保护河道纳入保护体系，并划定风貌保护街坊。2019 年修改条例更名为《上海市历史风貌区和优秀历史建筑保护条例》（以下简称《保护条例》），将风貌保护街坊、风貌保护道路、风貌保护河道也纳入管理。

上海市历史文化风貌区和优秀历史建筑保护委员会（以下简称历保委）于 2004 年正式成立，由分管副市长担任主任，规划、房管、文物及其他相关部门为成员单位。历保委是市政府统一领导和统筹全市历史文化风貌区和优秀历史建筑保护工作的议事协调机构，委员会下设办公室作为工作平台，承担历保委的日常工作。此种模式有利于强化历史保护的统筹推进，被多个城市借鉴应用。

（二）新时期名城保护制度体系存在的主要问题

近年来，上海城市建设管理日益精细化，保护制度体系中存在的一些固有矛盾越来越凸显，同时随着保护理念的不断提升，对照新形势新要求，原有保护制度也存在不适应的情况。

1. 对保护的认识不统一，保护工作的统筹协调不够顺畅

无论是政府部门，还是社会公众，对于历史保护的认识还不够深刻。虽然也认识到保护的重要性，但在保护与经济发展、生活品质产生矛盾时，会简单化地将保护看作对立面，缺少系统思考、主动作为。

市级层面的统筹协调力度不足。 保护实施的深入推进面临越来越多的政策机制障碍和资源投入约束，需要市级层面加大管理统筹和资源保障的力度。然而历保委作为全市保护工作的议事协调机构，对各相关管理条线和各区资源的统筹协调能力不足。从历保委的实际运行情况来看，设立至今召开全体会议较少，主要讨论少数重大项目和事件，在常态性管理上介入不多，也缺少对宏观战略、指导性事项的前瞻性研究。此外，郊区中仅有嘉定区于 2020 年设立了区级历保委，其他各区均尚未设立，对历史文化保护的指导和管理处于缺位状态。

相关各部门工作目标、节奏和步调不一致，尚未形成高效的管理合力。 历史文化保护对象和管理主体复杂多样，各类保护对象分属不同部门管理，在落实整体保护时需要相互协调衔接；保护修缮和更新过程中也会涉及不同条线部门的职能，往往需要突破现有的管理规定。在具体工作中，各部门大多以部门规章和行业规范为主，针对保护修缮中的矛盾和具体需求采用"一事一议"的方式，管理效率不高。

2. 保护体系的系统性不足，整体管控有待强化

当前的保护体系及制度设计主要聚焦"点、线、面"要素的保护更新，但由于对历史文化名城整体研究以及专项规划、地方性法规的缺位，导致对上海历史脉络、文化价值、风貌格局的系统性梳理和整体管控不足。

城市历史脉络和文化价值未得到深度挖掘、充分展示和系统传承。 长期以来对于上海文化的认知和宣传较多聚焦于近代以来远东国际大都市、海派文化等标签，而对上海早期历史和本土文化较为忽视。体现在历史文化保护方面，在时间序列上，较为偏重近现代遗产，对古代遗存的挖掘宣传及当代重要建设成果的梳理展示不足；在空间范畴上，更多聚焦城市中心区域，对郊野乡村地区及江南人文地理要素关注不足；在区域视野上，更多强调上海文化的独特性，对长三角地区文化源流的关联性挖掘和系统整体的叙述与展示不足。这种状况导致上海本土的历史和文化底蕴少

有人知，不利于城市文化形象的塑造，也对上海在区域文化网络中发挥影响力形成制约。

城市历史空间格局和建筑风貌碎片化、感知度低。由于历史文化名城以及核心的历史城区，都缺少整体空间结构的设计和管控，导致各类保护对象之间在空间形态、公共活动、风貌形象等方面都缺少整体统筹和有机联系，历史文脉的延续性和景观节奏被打断，破坏了历史城市的整体风貌，也难以实现对各种历史资源的整合利用与协同发展。

历史保护未能与城市功能、市民生活充分融合。历史建筑更新活化的机制方法缺少弹性，不能适应城市发展和居民诉求，使历史建筑的价值未能充分发挥。此外，历史保护侧重物质要素，对整体历史环境和社会情态的保护延续关注不足，一些具有深刻历史记忆的场所和情境面临冲击甚至消逝。

3. 保护更新面临政策瓶颈，推进阻力大

参与保护更新的主体相对单一，社会力量参与不足。目前保护更新项目实施以政府背景的企业为主，但受制于企业实力和经验，以及思想认识上的局限性，在建设实施以及运营维护的把控能力方面存在不足。由于限制条件多、推进周期长、资金需求高等问题，市场对于参与保护更新项目的信心普遍不足。在经济下行、市场低迷的情况下，更需要创新方法激发市场参与保护更新的积极性。

保护更新中的政策瓶颈亟待突破。保护更新中产权归集难、保护建筑利用受限、资金筹措渠道少等问题导致项目财务生存能力差，亟待突破政策瓶颈。目前在成片旧改中，为市属平台量身定制了"1+15"更新政策包，但在覆盖范围更广、时间跨度更大的保护修缮领域，尚缺少类似的组合拳式政策支持措施。

（三）完善制度顶层设计是上海名城保护的当务之急

《两办意见》提出历史文化保护的指导思想为：始终把保护放在第一位，以系统完整保护传承城乡历史文化遗产和全面真实讲好中国故事、中国共产党故事为目标，本着对历史负责、对人民负责的态度，加强制度顶层设计，建立分类科学、保护有力、管理有效的城乡历史文化保护传承体系；完善制度机制政策、统筹保护利用传承，做到空间全覆盖、要素全囊括……确保各时期重要城乡历史文化遗产得到系统性保护，为建设社会主义文化强国提供有力保障。

近年来，北京、广州、苏州等历史文化名城在加强管理统筹、完善法规体系、建设保护实施平台、加强资金和资源保障等方面开展了许多重要的探索，新编历史文化名城保护规划在彰显文化价值、拓展遗产范畴、建设区域文化网络、衔接行动

机制等方面都有重要创新，进一步完善了历史文化保护体系。

对照《两办意见》，上海名城保护制度还存在明显不足，尤其管理机制、法律法规、实施保障机制等方面的问题，直接影响了历史文化保护管理实施效力。上海应当以落实《两办意见》为契机，全面评估审视历史文化保护制度存在的问题，从制度顶层设计入手，研究解决困扰历史文化保护的关键瓶颈问题，切实推动名城保护工作。

二、在更高层面认识历史文化名城保护的意义

当代国家和城市的竞争在某种程度上呈现出一种文化的竞争。近代以来，上海在中国的文化版图中占据着重要位置，一直扮演中国城市现代化、国际化的先行者角色。在上海推进转型发展，向具有世界影响力的社会主义现代化国际大都市迈进的关键时期，文化将成为提升综合竞争力、推动可持续发展、树立城市形象的关键战略。

因此，站在历史发展的新时期，我们应当在更高层面认识历史文化名城保护的重要意义。加强历史文化名城保护既是推动高质量发展，全面提升城市软实力和综合竞争力的客观要求，也是传承中华优秀传统文化、提升文化自信自强、助力伟大复兴的战略责任。

1. 传承中华文明，增强文化自信

习近平总书记在党的二十大报告中多次强调传承中华优秀传统文化，将"推进文化自信自强，铸就社会主义文化新辉煌"作为新时代新征程中国共产党的重要任务之一，要求"加大文物和文化遗产保护力度，加强城乡建设中历史文化保护传承"。优秀传统文化是中华民族的精神命脉，是最深厚的文化软实力，而推进历史文化名城保护无疑是传承中华优秀传统文化最直接最有效的手段。

2. 提升综合竞争力，驱动高质量发展

在全球化和后工业化进程中，文化资源和特色要素成为消费经济的重要目标对象，文化经济在城市经济中的占比持续提升，而高品质的城市文化氛围对于吸引创新创意、金融服务等产业资源也具有积极意义。伦敦、巴黎、东京等城市都把文化作为城市发展的重心并制定文化战略。"上海2035"城市总体规划将文化作为核心战略，是顺应城市发展规律，推动上海向更高层级迈进的必然选择，历史文化名城保护则是城市文化战略的关键环节。

3. 体现人文关怀，践行人民城市

历史文化遗存承载着文化认同，是形成稳定的社会秩序、提升城市归属感的重

要依托。2019 年习近平总书记在上海考察时指出，"文化是城市的灵魂。要像对待'老人'一样尊重和善待城市中的老建筑，保留城市历史文化记忆，让人们记得住历史、记得住乡愁，坚定文化自信，增强家国情怀。"2020 年在十九届中央政治局第二十三次集体学习时指出，"要把历史文化遗产保护放在第一位，同时要合理利用，使其在提供公共文化服务、满足人民精神文化生活需求方面充分发挥作用。"

三、完善历史文化名城保护制度顶层设计的策略建议

（一）凝聚"保护优先"共识，形成制度合力

历史文化保护工作环境复杂，涉及利益主体众多，不同主体对于城市历史文化资源的价值和保护的意义都有不一样的理解，因此需要加强保护工作的领导统筹并形成统一的价值观，形成保护合力。

1. 加强历史文化和保护政策的宣传阐释

近年来，市委市政府针对历史文化保护的具体情况和保护要求，发布了一系列政策文件。2022 年，为落实《两办意见》，出台了《关于在城乡建设中加强历史文化保护传承推动高质量发展的实施意见》（沪委办〔2022〕16 号）。未来应依托历保委工作机制和历保办工作平台，继续深化优化历史文化名城保护的相关政策，明确保护目标、统一价值认知、指导保护实践，将历史文化名城保护融入城市发展的整体战略。同时，加强对上海历史以及各类文化遗产的研究阐释，多层次、全方位、持续性挖掘其历史故事、文化价值、精神内涵。

2. 提高历保委的管理层级和统筹协调能级

历史文化保护涉及的管理部门类型、层级多样，需要高能级引领协同参与的治理平台。国内一些重要历史文化名城均由市委市政府主要领导挂帅推进保护工作。北京历史文化名城保护委员会成立于 2010 年，市委书记和市长分别担任名誉主任、主任，2021 年，名城委纳入首都规划建设委员会工作体系，该委员会由市委书记担任主任，副主任包括市长及相关国家机关领导。广州市历史文化名城保护委员会由市长担任主任，市委宣传部部长和分管副市长担任副主任。苏州国家历史文化名城保护工作领导小组由市委书记担任第一组长，市长担任组长，常务副市长担任副组长。"一把手"牵头一方面可以体现城市对历史文化名城保护工作的高度重视，另一方面可以更好地协调相关部门解决复杂问题、调动各方资源，形成保护合力。

近年来，历史文化保护的重要性日益凸显，而保护实施对于政策支持、部门协调、资源调配等方面的要求也越来越高，需要更加强力有效的领导和统筹。因此，建议更加重视历保委的工作，加强统筹与支持力度，形成推动历史文化保护的强大合力。

（二）完善高效协同、重点覆盖的政策法规体系

1. 尽快启动研究制定《上海历史文化名城保护条例》

国内各城市历史文化保护的核心法规主要包括两种类型。一是名城保护条例，优势在于可以从国家层面为立法形成支撑，且可覆盖各类文化与自然要素，构成完整全面的保护体系，与城市整体战略和空间格局相衔接。二是历史建筑与历史文化街区（历史文化风貌区）保护条例，特点是保护对象的针对性较强，可结合各地方实际情况，精细化制定保护管理内容，在管理实施方面可有更多弹性。二者各有侧重，具有一定的互补关系。目前，北京、西安、南京、广州、苏州、杭州、哈尔滨等城市均已颁布历史文化名城保护条例，其中多数城市还同时兼有历史建筑与历史文化街区保护条例。

上海目前的保护法规针对历史风貌区和优秀历史建筑，未能覆盖历史城区、历史文化名镇名村、各类自然文化景观等更广泛的历史文化遗存和区域，尚无法全面体现上海历史文化的价值、特征和整体格局。因此，应当尽早启动《上海历史文化名城保护条例》的研究制定，与现有保护条例互相配合补充，由"历史文化名城保护条例"进行名城全面的保护管理，"历史风貌区和优秀历史建筑保护条例"则针对具体的点状保护和成片保护的精细化管理作出规定，共同形成较为完善的保护法规体系。

2. 针对特色遗产制定颁布法规规范

面对越来越多的保护对象和新增的保护要素，仅通过顶层立法无法实现对特定保护要素精细化的保护管理。北京配合中轴线申遗出台了《北京中轴线文化遗产保护条例》，苏州对大运河、古城墙、古村落、江南水乡古镇、昆曲、中小学百年老校及校园历史遗存，杭州对大运河、西湖、良渚遗址、钱塘江、工业遗产、老字号，西安对秦始皇陵、城墙、丝绸之路、汉长安城未央宫遗址、大明宫遗址、大雁塔、小雁塔、兴教寺塔等特色要素，都出台了专门的保护条例或保护管理办法（见表6-1）。通过针对特色保护要素制定专门的法规条例，不但能妥善保存保护对象，而且在保护规划、管理机制、资金保障等方面更具针对性地进行规定，有利于凝聚共识、完善决策、规范行为、推动建设。

上海可借鉴国内其他城市经验，出台特色保护要素的条例或办法，实现更有针

表 6-1　中国部分省市针对特色保护对象的相关法规文件

城市	相关法规文件
北京市	《北京中轴线文化遗产保护条例》（2022）、《北京市传统村落保护发展规划设计指南》（2016）
苏州市	《苏州市大运河文化保护传承利用条例（征求意见稿）》（2022）、《苏州市古城墙保护条例》（2018）、《苏州市古村落保护条例》（2013）、《苏州市昆曲保护条例》（2006）、《苏州市江南水乡古镇保护办法》（2018）、《苏州市地下文物保护办法》（2006）、《市政府关于加强苏州市中小学百年老校及校园历史遗存保护与传承工作的意见》（2016）
杭州市	《杭州市大运河世界文化遗产保护条例》（2017）、《杭州西湖文化景观保护管理条例》（2012）、《杭州市良渚遗址保护管理条例》（2002）、《杭州市钱塘江综合保护与发展条例》（2020）、《杭州市工业遗产建筑规划管理规定（试行）》（2010）、《杭州老字号认定保护办法》（2008）
陕西省及西安市	《陕西省秦始皇陵保护条例》（2019）、《西安城墙保护条例》（2009）、《西安市丝绸之路历史文化遗产保护管理办法》（2008）、《西安市汉长安城未央宫遗址保护管理办法》（2013）、《西安市大明宫遗址保护管理办法》（2013）、《西安市大雁塔保护管理办法》（2013）、《西安市小雁塔保护管理办法》（2013）、《西安市兴教寺塔保护管理办法》（2013）、《西安市优秀近现代建筑保护管理办法》（2015）
广州市	《广州市海上丝绸之路史迹保护规定》（2016）、《广州市历史名园保护办法》（2022）、《广州市北京路步行街地区管理规定》（2022）、《广州市白云山风景名胜区保护条例》（2011修正）

对性的制度建设。结合上海现有的历史风貌资源和已有的相关法律法规，可考虑补充有关里弄建筑、工业遗产、水乡镇村等特色要素，以及一江一河、淀山湖、长江口等特色地区的法律法规，明确相关要素定义、保护原则、保护方式、管理方式、负责部门、责罚制度等。

3. 完善针对历史建筑保护修缮的标准规范

由于历史建筑及其环境大多建筑密集、建设标准落后，在保护修缮中会面临很多技术问题，其中矛盾最集中的是工程技术规范领域。由于历史城区很多建筑保护难以满足现行工程技术规范，应针对历史街区、历史建筑保护修缮中的特殊情况，研究包括消防、绿化、交通、工程管线、地下空间等系统性问题形成标准规范，引导保护修缮工程有序开展、规范实施。

（三）研究编制专项规划，构建名城保护整体框架

根据国家《历史文化名城名镇名村保护条例》，历史文化名城批准公布后，历史文化名城人民政府应当组织编制历史文化名城保护规划。上海于1990年代初即开展了历史文化名城保护规划的研究，此后在2020、2035两版城市总体规划编制过程中，均开展了历史文化名城保护规划的研究和专项规划的编制，并将相关内容纳

入总规，但专项规划本身并未完成报批。为落实《两办意见》，更加系统完整地保护传承城乡历史文化遗产，充分彰显上海的文化内涵，建议加快推进《上海历史文化名城保护规划》研究和编制，明确名城保护的整体架构，指导各层次、各类要素保护的规划、管理和实施。

依据《两办意见》，并结合上海历史文化名城保护的特征和发展需求，规划应当关注以下重点内容：一是深刻认识上海历史文化名城的价值坐标，通过全景式保护，展现上海的发展历程和多元文化特征；二是关注城镇村与自然文化景观的共生关系，构建市域城乡郊野的整体景观风貌；三是保护和传承历史城镇整体空间格局与景观风貌；四是使活态的历史遗产服务于城市发展与市民生活。

（四）加强制度创新，形成高效率的保护利用实施平台

1. 建立具有强大推动力的保护更新平台

由于历史保护项目的实施涉及资金、资源需求多，协调难度大，需要推动力强、资源配置力强、参与度高的核心实施主体平台。苏州于 2022 年 6 月成立苏州名城保护集团，作为苏州 19.2 平方千米历史城区的保护与更新工作的主要平台；于 2020 年设立 20 亿元规模的古城保护与发展基金，主要用于古城的基础设施维护、业态提质升级、文化遗产保护与传承等方面。名城保护集团与保护基金共同作用，对苏州的保护工作发挥了重要的推动作用。

上海在更新旧改中由市地产集团为主体成立开发平台，取得了良好的效果。未来建议参考这一模式，建立市级的历史文化名城保护平台和专项基金，并提供相应的政策支持。

2. 突破关键政策瓶颈，形成多样化、创新性的制度工具包

一方面要进一步挖掘政策潜力，可借鉴城市更新经验，在主体遴选、土地出让、财政支撑、建设标准等领域探索支持保护更新的政策，并通过税收减免、资金补助、容积率转移和建立周转资金等措施吸引民间资本投入。可考虑在新城或交通枢纽地区，提供一定规模土地或建筑开发量用于中心城风貌区旧改更新中开发规模的异地平衡，以缓解开发压力。

另一方面可积极争取产权、税收等方面的政策支持。国内一些城市在历史建筑保护机制方面有很多探索。如苏州市探索"古建筑上市"，通过相关法规的建立，打通了"非国有控保古建筑"上市渠道，通过产权买卖的方式让有经济实力的新主人对其进行保护。北京建立平房直管公房申请式退租、申请式换租的机制，推进四合院的整院腾退和修复。

适应气候变化、提升气候适应能力已是保障城市安全运行的迫切需要。上海近年来对安全韧性城市的重视程度不断提升，但全市层面缺少适应气候变化的顶层设计，作为高密度超大城市，气候适应能力亟待提高。加强系统性应对是必然选择：在全市层面凝聚共识，强化市级总体统筹；将气候适应目标纳入各层级、各类型的政策体系，夯实气候科学研究支撑；组织编制全市层面的气候适应性规划并建立相应的实施保障机制。与此同步，建议构建国土空间气候适应性策略框架，并从厘清基本原理、聚焦关键技术、搭建内容框架和探索应用路径等四个方面开展国土空间气候适应性相关编制方法研究和技术攻关。本议题最后针对暴雨洪涝、高温热浪、海平面上升等上海目前面临的三个关键风险提出了规划应对策略。

CHAPTER 7

第七章

构建国土空间气候适应性策略框架，
提升城市气候适应能力

气候变化已经成为人类生存和发展面临的严重威胁和挑战，积极防范和抵御气候风险、提高适应气候变化能力已是全球共识。党的十八大以来，我国坚定实施积极应对气候变化国家战略。面对世界百年未有之大变局，党的二十大报告进一步指出，要站在人与自然和谐共生的高度谋划发展，积极参与应对气候变化全球治理。上海应切实落实国家适应气候战略目标，将适应气候变化全面融入经济社会发展大局，不断推动气候适应型社会建设。

一、全球趋势和国家要求

气候变化影响越来越广泛和剧烈，威胁着全球生态安全。2022 年 2 月，联合国政府间气候变化专门委员会（IPCC）发布了第六次评估报告第二工作组报告《气候变化 2022：影响、适应和脆弱性》，该报告认为：气候变化包括更频繁和更剧烈的极端事件，已经对自然和人类系统造成了广泛的不利影响以及相关的损失和损害。全球气候韧性行动面临的形势比 2014 年第五次评估报告的评估结果更为紧迫。

建设气候适应型社会已成为我国可持续发展的迫切要求。2022 年《国家适应气候变化战略 2035》发布，提出"到 2035 年基本建成气候适应型社会"，并明确四大任务：加强气候变化监测预警和风险管理；提升自然生态系统和经济社会系统适应气候变化能力；多层面构建适应气候变化区域格局，包括构建适应气候变化的国土空间；注重机制建设和部门协调，强化各项保障措施。

二、国内外城市的探索和实践

纽约、伦敦、旧金山、新加坡等城市和地区已将气候适应目标纳入政策体系，在气候韧性领域开展了长期而全面的探索与实践，主要有以下五个方面的特点：

工作组织方面，强调城市政府的统筹作用和气候专业的研究支撑。2008 年，纽约在其市长的召集下成立了开展气候科学研究应用的纽约气候变化专门委员会（NPCC[1]），并就气候变化相关问题提出建议。桑迪飓风后，为建设更强大、更富韧性的城市以抵御气候变化，纽约于 2014 年 5 月成立了市长气候韧性办公室（MOCR[2]）。在该办公室的领导下，纽约不断完善韧性城市的工作框架，并陆续发

---

[1] New York City Panel on Climate Change.

[2] The Mayor's Office of Climate Resiliency；2022 年机构调整与其他三个机构合并为市政府气候与环境正义办公室（Mayor's Office of Climate and Environmental Justice）。

布了一系列政策和规划。旧金山于 2016 年成立了市政府韧性与资本规划办公室（ORCP[3]），并与市长办公室一起，联合规划、环境等多个政府部门或机构成立了"气候旧金山"项目工作组，共同指导相关规划的编制与实施。

政策体系方面，将气候适应目标纳入不同层级和导向的规划政策文件。纽约构建了多层级、多类型的政策体系，包括总体规划、设计导则和法定区划政策等。其中，总体规划注重气候行动的发展机遇和公平性；设计导则重点指导项目设计过程、主要技术方法以及公众参与方式的流程规范等；法定区划政策将现有和新建建筑物一并纳入韧性城市框架。伦敦形成了"总体规划 + 专项规划"的应对框架，2018 年发布的《伦敦环境战略》是实现气候适应性的主要纲领文件；2021 年将《伦敦环境战略》中的主要气候风险和应对策略融入了城市总体规划《大伦敦规划》，并形成相关发展政策。

技术方法方面，加强针对气候变化趋势影响以及灾害风险评估的研究和应用。纽约十分重视气候科学分析在韧性城市政策文件制定中的应用，将气候变化影响评估结论纳入了城市总体规划，确定了海平面上升背景下的洪泛区分布，评估了不同气候风险下城市关键系统的脆弱性。东京在《东京都气候变化适应政策》中，基于气候条件的历史统计，结合联合国 IPCC 报告，加强了对未来城市气候变化趋势的预测。

重点行动方面，识别城市关键气候风险并形成应对策略。伦敦基于气候分析识别了洪水、干旱和热危机三大气候风险，并分别提出了减少洪水对人员和财产的影响，改善伦敦水域的水质并给予有效、安全、韧性的供水，以及提高居民、基础设施和公共服务机构对极端高温事件的准备和适应能力等三个方面的应对策略。新加坡为应对高温、缓解城市热岛效应发布了《冷却新加坡计划（Cooling Singapore Project）》。旧金山为应对全球变暖及海平面上升对城市造成的影响，发布了《旧金山海平面上升行动计划》。

实施机制方面，构建完整的策略框架体系和实施监测机制。纽约围绕气候韧性建立了"目标—策略—指标"的整体策略框架体系，聚焦社区、建筑、基础设施和滨水区等重点领域，通过关键工程建设、市民参与、政策制定、科学预测和评估等使城市更具韧性，并落实到相对应的指标体系。《大伦敦规划》及其年度监测报告形成了"编制—实施—监测—反馈"的规划实施机制，并共同指导下一层次地方规划、社区规划和行动计划的编制与实施。

---

[3] The Office of Resilience and Capital Planning.

国内一些城市也不断提高对气候变化应对的重视程度，持续开展实践探索。北京在 2019 年即启动气候适应性规划的相关研究；2021 年，首次划定了大风、寒潮等 11 类极端天气标准，并制定了提升极端天气风险防范应对能力的系统性策略。广州开展了"酷城"行动，致力于打造一个更加凉爽的广州。

上海作为沿海地区的高密度超大城市，地势低平，气候脆弱性较高，面临各类极端气候事件的威胁。根据非营利研究机构气候中心（Climate Central）的 CoastalDEM 模型，在升温 4℃的情景下，上海大部分人口将受到海平面上升的影响。而 2022 年上海极端高温天气多次追平或打破气象纪录，对城市能源、交通等运行系统造成较大压力。提升上海的气候适应能力已经刻不容缓。

三、上海既有工作基础和主要问题

（一）工作基础

上海近年来对安全韧性城市的重视程度不断提升，已制定出台了相关规划和政策。《上海气象事业发展"十三五"规划》提出要开展城市气候变化风险评估和气候承载力分析，加强适应气候变化策略研究，提高城市适应气候变化特别是应对极端天气和气候事件能力，保障气候安全。《上海市节能和应对气候变化"十三五"规划》要求全面提升适应气候变化能力，既要提高城市重点领域适应能力，也要提升城市适应气候变化的基础能力。《上海市气象服务保障"十四五"规划》则聚焦气象观测、天气预报、气象灾害监测预报预警等重点领域。2021 年，市政府发布的《关于进一步加强城市安全风险防控的意见》（沪府发〔2021〕3 号）明确提出：到 2035 年，本市要基本建成能够应对各类风险、有快速修复能力的韧性城市。

"上海 2035"城市总体规划已将应对气候变化纳入城市总体目标，并建立了"目标（指标）—策略—机制"的传导体系。基于建设"更可持续的韧性生态之城"的目标，建立了应对全球气候变化、全面提升生态品质、显著改善环境质量、完善城市安全保障等四方面策略体系，以及与之相对应的由应急避难场所人均避难面积、消防站服务人口等规划指标组成的指标体系。应对全球气候变暖、极端气候频发等趋势，"上海 2035"强调要加强基础性、功能型、网络化的城市基础设施体系建设，提高市政基础设施对城市运营的保障能力和服务水平，增加城市应对灾害的能力和韧性。

一批聚焦关键风险防御的专项规划的编制与实施，为提升城市安全韧性能力提供了有力支撑。近年来，上海已经编制完成综合防灾、防洪除涝、海绵城市等一批专项规划，发挥着重要的支撑性、协同性和传导性作用。其中，《上海市海绵城市专项规划（2016—2035）》提出建设能够适应全球气候变化趋势、具备抵抗雨洪灾害的韧性城市的目标，从源头治理、过程治理、末端治理三个维度全过程建设海绵城市。《上海市综合防灾专项规划（2020—2035）》明确构建具有功能韧性、过程韧性、系统韧性的综合防灾安全韧性体系。《上海市防洪除涝规划（2020—2035）》依托流域防洪规划，以千里海塘、千里江堤为基础，形成流域、区域和城市三个层次相协调的总体防洪体系和布局，并提出构建河湖密度适宜、河道闸泵匹配、蓄排统筹兼顾的城乡除涝体系和布局。

（二）主要问题

一是全市层面缺少适应气候变化的顶层设计。《上海市气象服务保障"十四五"规划》并未涉及适应气候变化的内容。相应地，《北京市"十四五"时期应对气候变化和节能规划》则明确提出要"加强城市气候适应性建设"。2021年12月，北京市人民政府办公厅印发《关于加强极端天气风险防范应对工作的若干措施》，提出"完善风险防范应对管理工具，编制气候适应性规划"等举措。气候适应性规划牵涉条线多，内容复杂，协调工作难度较高，市政府的总体统筹和全市层面顶层设计是规划编制与实施的必要前提。

二是各类相关规划对气候适应目标的重视不够。气候适应目标在上海市国民经济和社会发展"十四五"规划以及相关专项规划中还未得到充分的重视和体现。部分专项规划（气象、水系统治理等）上已有一些研究和积累，但面对中长期气候变化的不确定性、多种气候灾害并行发生导致的复合风险，单系统的气候适应策略已难以应对，亟须跨部门的策略统筹以更有效地防御多种灾害风险。

三是气候适应性专项规划编制面临挑战。目前，上海气候适应型城市建设尚处于初级阶段，无论是风险评估方法的科学性，适应行动的长期性和可测量性，还是治理手段的多样性等方面都有待进一步探索。由于缺乏权威技术指引，全市层面气候适应性专项规划的编制与研究、政策体系与技术标准制定、规划实施监督等方面都面临挑战。

四是气候适应性规划的实施保障机制还有待建立。气候适应性规划具有政策性、实施性强的特点，对行动落实和机制保障的要求高。一方面，有赖于相对完善的适应气候变化相关法律法规和制度体系，以形成适应气候变化政策与行动合力；另一方面，离不开财政金融等政策的支持。良好的金融支持政策，不仅可以加大对减缓和适应行动的激励，还能帮助城市在灾后更快速恢复重建；价格合理且广泛可用的气候保险也可以帮助城市减缓气候变化所带来的财务影响。

四、构建上海市国土空间气候适应性策略框架

提升上海城市气候适应能力既是紧迫性要求也是长期性任务。建议以总体政策优化为先，同步构建国土空间气候适应性策略框架，推动开展相关前瞻性研究探索。

（一）总体政策优化建议

总体统筹为先。在全市层面凝聚形成共识，加强市级总体统筹，建立空间规划、气象、水务海洋、应急管理等跨领域的联合工作机制，系统性组织开展提升城市气候适应能力的各项工作。

政策响应为要。将气候适应目标纳入各层级、各类型的政策规划体系，加强气候科学在政策规划制定中的专业支撑，将气候韧性目标全面融入发展规划、国土空间规划及相关专项规划等。

规划编制为本。组织编制全市层面的气候适应性规划，系统分析上海气候变化趋势，制定各层级规划体系的适应对策和措施，加强气候变化风险评估，识别关键灾害风险，重点评估气候风险对能源、交通、急救设施、供水排水等重点基础设施的影响，制定应对气候风险的内容框架。

实施保障为盾。建立支撑气候适应目标的实施保障机制，构建气候适应目标下的有效传导体系，将总体目标转化为具体政策框架和行动指南；建立有效的跟踪评估机制，及时监测规划实施情况，评估规划实施效果。在市政府总体统筹下，完善应对气候风险的市场机制，推动公众参与，增强市民应对气候风险意识，推动气候适应型社会建设。

（二）国土空间气候适应性策略框架建议

《国家适应气候变化战略 2035》已明确提出要构建适应气候变化的国土空间。城市气候适应性规划的研究与编制尚处于起步探索阶段，而其中很多领域，如涉及基础设施、生态系统等相关内容都与国土空间规划紧密相关。据此，提出构建以气候适应规划目标为引导，以识别城市关键气候风险以及气候因子与规划要素的原理分析为基础，以关键气候风险应对策略和多层次空间规划实施路径为主要内容的上海市国土空间气候适应性策略框架（见图7-1）。并建议从以下四个方面率先开展国土空间气候适应性相关编制方法研究和技术攻关。

一是厘清基本原理，聚焦气候风险特征、影响与规划重点领域的关系。随着气候变化影响越来越广泛，环境风险和危害呈不均匀分布，城市系统的气候脆弱性水平也存在差异，需要厘清气候因子与空间规划重点领域、管控要素之间的关

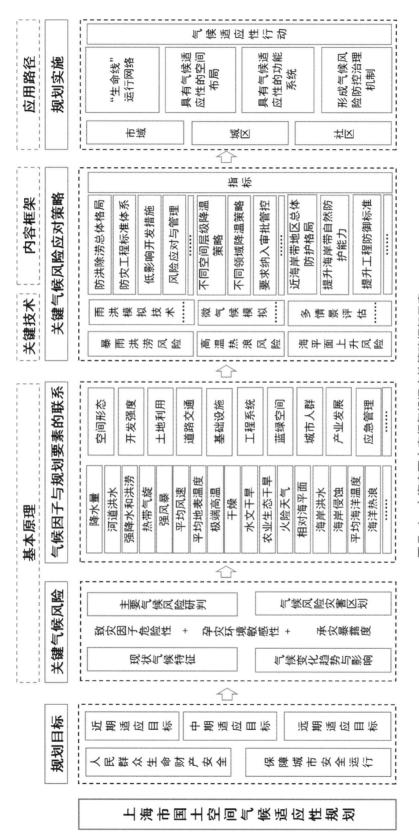

图7-1 上海市国土空间气候适应性策略框架示意

系（如极端高温与供水、能源等工程系统的关系），以指导规划策略和行动更好地应对气候变化的影响。

二是聚焦关键技术，加强气候科学分析研究与规划的衔接。按照"分析—评估—反馈"的思路，全面衔接气象专业部门对气候变化趋势和影响的分析，模拟规划方案的应对情况，反馈优化应对策略、传导指标以及实施行动。重点关注分析和评估阶段的风险评估、灾害风险区划，规划编制、方案优化阶段的微气候模拟方法、雨洪模拟等技术方法。

三是搭建内容框架，围绕关键气候风险，形成"目标—策略—指标"完整内容。如应对气候变化下的海平面上升风险，通过"明确近海岸线地带的总体防护格局、强化海岸带自然防护能力、提升工程防御标准"等策略，以及"自然岸线保有率、沿海防护林营造面积"等指标构建内容框架。

四是探索应用方案，形成不同空间尺度气候适应性规划应对路径。结合地区特征，探索不同空间尺度的气候适应规划应对路径。如应对高温热浪风险，市域和片区尺度可探索通风廊道的构建和凉爽中心规划；街区、社区尺度可围绕建筑布局、绿地开放空间、河湖水体等探索微气候调节方法。同步积极探索多种气候风险的综合应对路径，从"生命线"网络安全运行、具有气候适应性的空间布局、具有气候适应性的功能系统和形成气候风险防治治理机制来系统指导行动的实施。

五、探索上海关键气候风险规划应对策略

《华东区域气候变化评估报告2020》《上海市气候变化监测公报》等研究成果，初步明确上海未来重点应对的关键气候风险有暴雨洪涝、高温热浪、海平面上升、台风风暴潮、强对流天气等。考虑台风风暴潮、强对流天气的防护与暴雨洪涝、海平面上升应对密切相关，本议题重点针对暴雨洪涝、高温热浪、海平面上升等三个关键气候风险提出规划应对策略。

（一）暴雨洪涝风险

随着总体降雨量增加，上海暴雨日数比例上升，降水极端性增强，洪、涝、潮、台风等多种风险带来更加复杂的综合性影响。叠加上游下泄洪水的影响，使得因洪致涝问题日益突出。

建议完善防洪除涝总体格局，完善工程标准体系，实现人水和谐共处，提升气候风险综合应对能力。一是坚持规划引领，完善防洪除涝总体格局。加强国土空间规划对防洪除涝和排水等专项规划的统筹和引领，系统性衔接"局域—区域—流域"

及海域的城市防汛标准和策略，从城市总体发展与防汛安全保障协调出发，构建系统完整的城市防汛安全体系。**二是合理配置防灾工程，完善工程标准体系。** 加强城市洪涝防御能力，加快推进各类重点工程规划与实施。基于全生命周期理念，将气候变化及其影响和风险评估情况有效纳入防洪除涝工程技术标准制修订过程。**三是落实生态安全等新理念，实现人水和谐共处。** 以安全为底线，给洪水以空间，给涝水以出路，实现人与自然和谐共处。系统化全域推进海绵城市建设，落实低影响开发措施，消除易涝点，实现水安全、水环境、水生态全面提升。**四是加强管理，提升气候风险综合应对能力。** 通过绿色源头削峰、灰色过程蓄排、蓝色末端消纳、管理提质增效等，实现规划、建设、实施、运维全过程的监督管理。推进建设智慧平台，提升网络安全威胁感知和应急处置能力。

（二）高温热浪风险

近年来，上海高温日增多，平均气温总体呈明显上升趋势。2022 年，40℃高温的最早出现时间、40℃以上的高温天数均刷新近 150 年以来的纪录。高温热浪对居民健康和城市运行带来广泛的负面影响。极大影响家庭、工作场所和公共交通的舒适性，增加传播疾病的风险，损害居民特别是老年人、儿童等弱势群体的健康。引发的高制冷需求对城市的供电基础设施造成压力，用于制冷的电力和能源需求的增长还会加剧城市的热岛效应。

建议构建"不同空间层级、不同领域"全方位的降温策略，并将部分重要措施纳入管控体系。一是形成不同层级不同领域的降温策略体系。 构建自然通风的空间格局。通过生态廊道、楔形绿地建设保障城市通风道，将湖泊、海滨等大型冷源的冷空气引入城市内部。改善城市表面，推广绿色基础设施。增加绿地植被覆盖、改善地表铺装，保护河流、湖泊、湿地等水源水体，结合绿色屋顶、垂直花园等立体绿化改善城市三维表面。推广气候友好的城市和建筑设计，尽可能采用被动式设计，最大化通风、遮阳与防潮；设置喷雾等城市设施，缓解热岛效应；通过绿色建筑和交通等策略，减少制冷系统的能耗散热。**二是将相关降温要求纳入建设项目规划管理。** 建议对于新开发的建筑项目，规划鼓励采用被动式设计，即在不依靠机械设备的情况下，通过建筑设计使室内温度能接近当天平均气温甚至更低。对于容纳各项活动的公共建筑类项目，则应采用被动式与机械式节能降温相结合的设计策略。

（三）海平面上升风险

海平面上升是由全球气候变暖引起的缓发性海洋灾害。根据自然资源部《2021年中国海平面公报》，1980—2021 年，中国沿海海平面上升速率为 3.4 毫米 / 年，高于同时段全球平均水平。预计未来 30 年，上海所在的东海沿海海平面将继续上升 65 ～ 165 毫米。海平面长期处于高位，其长期累积效应将造成海岸带生态系统挤压和滩涂损失，影响沿海地下淡水资源，加大风暴潮、城市洪涝和咸潮入侵致灾程度。沿海地区地面沉降还会导致相对海平面上升，加大灾害影响程度。海平面上升也将对重点江河的防洪除涝水位带来影响。

建议加强近海岸线地带的综合防护，强化海岸带自然防护能力，健全防汛保障体系。一是编制近海岸线地带的综合防护规划，加强规划管控。针对由海平面上升引发的海岸侵蚀和风暴潮等灾害，开展海平面上升的风险地图和情景评估，编制近海岸线地带的综合防护规划，指导地区科学防护与合理利用。**二是强化海岸带自然防护能力。**保护近岸边滩，增设海岸带缓冲带，构建海岸带灾害风险的第一层防护屏障。保护长江口滩涂湿地，形成市域自然防护带，增强较高风险岸线的自然防护能力。开展海岸带生态修复工作，建设完善的沿海防护林体系，为抵御风暴潮等灾害的影响构筑缓冲空间。**三是提升工程防御标准，健全防汛保障体系。**提高沿海防汛防台基础设施设计标准，结合风险评估，加高、加固现有防汛防台工程。重点关注较高风险岸段，形成重点岸段的双线海塘防御。分析海平面上升对城市排水的影响，增强洪水保护措施和排水工程的安全韧性。消除洪（潮）涝灾害防御短板，健全防汛安全可控、管理智慧高效的防汛保障体系。

能源既是引起气候变化的主要原因，也是推动经济社会发展的关键要素。为应对愈发严峻的气候变化，世界各国的能源体系都在发生深刻变革，这可能引发对能源供应体系安全性、可靠性的威胁。上海建设卓越的全球城市，能源行业发展同样面临着巨大挑战，随着可再生能源替代化石能源的趋势加速，目前已形成的较为完善的能源供应体系将面临较大冲击，既有的城市能源设施空间格局也将产生较大变化。为实现本市能源体系绿色、安全、平稳发展，建议循序渐进推进能源转型、积极推动新技术和新应用，以保障能源供应体系安全性与可靠性，在能源结构转型过程中，兼顾好可再生能源快速发展与能源供应安全底线，确保城市平稳运行、发展。同时，也需要合理应对设施布局新需求并加强前瞻性研究，增强能源供应体系的空间保障。

CHAPTER 8

第八章

以转型提升韧性，
促进能源绿色安全发展

"温室效应"等气候问题在全球范围内愈发严峻，能源活动是应对气候变化的关键领域，并且与气候变化相互影响。化石能源燃烧引发过度碳排放导致气候暖化，而气候变暖引发的极端天气反过来又深刻影响能源活动。能源转型是城市发展的必然，但无法一蹴而就。上海应结合能源转型需求和自身发展特点，在追求清洁目标的同时统筹兼顾能源供给的安全性和可靠性，从能源供应和消费两个环节探索科学合理的时序路径和技术措施，提前预判、主动应变。

一、气候变化背景下的能源发展形势

（一）能源体系转型面临的形势更趋复杂

　　近年来极端自然灾害出现的频率明显上升，对城市能源活动带来了很大影响。2021 年因北半球极端寒潮天气，我国多省市的电力需求峰值首次在冬季出现。2022 年夏北半球又遭遇了极端高温天气，我国电力降温负荷[1]比重突破 30%，上海电力负荷创造了 3 860 万千瓦的新高，增量降温负荷大幅超出预期。可见，能源活动与气候变化已形成能源排放→气候变暖→极端天气→需求激增→更高排放的负反馈链。

　　世界气象组织预计未来极端天气还将更频繁、更剧烈，联合国政府间气候变化专门委员会（IPCC）第六次评估报告称，如果温室气体排放强度继续上升，目前经历的气候变化只是"未来前兆"。

　　因此，能源领域一方面亟须低碳转型以缓解气候危机，另一方面还需承担转型过程中能源需求缺口不断扩大的保供使命，能源体系目前所面临的发展形势极为复杂。

（二）能源结构转型带来的供应安全风险正在上升

　　能源活动的碳排放基本来自化石能源燃烧，同等情况下煤炭的碳排放强度是原油的 1.4 倍、天然气的 2.2 倍。因此，控制化石能源（尤其煤炭）使用规模是能源体系转型的关键。

1. 进口油气资源依赖程度高，放大能源供应的安全性风险

　　我国"富煤贫油少气"的基本国情导致了能源活动对煤炭的依赖程度很高。尽管近十年来煤炭消费比重不断下降，但占比仍接近 60%。因此，能源结构转型将对

---

[1]　降温负荷，指因夏季持续性的晴热高温天气，空调等降温设备运行所需的能源供应，属季节性负荷。

成熟的既有供应体系产生较大冲击。

纵观世界能源发展史，我国能源体系正处在从煤炭向油气艰难转型的阶段。推进石油、天然气替代煤炭资源，是初期实现碳减排的有效途径，但同时也会因为对国外进口油气资源依赖度的上升，放大供应的安全性风险。

2017年我国曾发生过能源供应链断裂的严重事件。为执行最新"大气污染物特别排放限值"方案，京津冀"2+26"城市在短时间内全面推进气代煤、煤改电行动。行动前特别强调应遵循"宜电则电、宜气则气、宜煤则煤"的原则，但执行中出现偏离，在未做足保障预案的前提下，盲目"一刀切"地关停了各类煤炭设备，而后因中亚进口资源出现变数，天然气供应出现了严重缺口且无法填补，导致供暖季开始后北方部分地区出现无气可供、无暖可取的严峻局面。

2. 可再生能源发电稳定性差，极端条件下可能带来可靠性风险

国际经验表明，大力开发可再生资源、依托能源电气化是实现能源体系清洁、低碳发展的重要途径。近十年来，世界可再生能源消费份额增速相比前十年提升2.5倍[2]，我国可再生能源装机规模相比十年前增加近90倍[3]，发展势头令人瞩目。

相应的，可再生能源（尤其是风、光资源）的短板也不容忽视：受气候条件影响，可再生能源发电规模具有明显的时差特性，为确保供能可靠性，需要可控可调的灵活电源进行配合。传统火电机组具备较强的致稳性和抗扰性，而风、光发电日波动幅度最高可达装机容量的80%，且呈现一定的反调峰特性，难以稳定响应系统中的需求变化（见图8-1）。

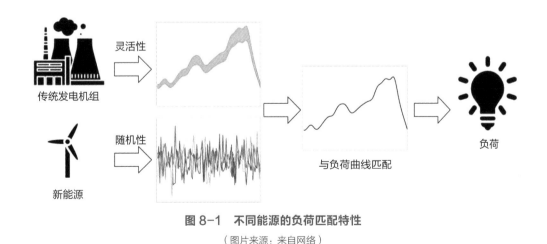

图 8-1　不同能源的负荷匹配特性

（图片来源：来自网络）

---

[2] 数据来源：BP世界能源统计年鉴。
[3] 数据来源：国家能源局、中国日报中文网。

我国 2021 年遭遇极寒天气，晚高峰电力负荷出现 12 亿千瓦的历史新高，当时风、光电源实际出力仅为装机容量的 5%，出现了"全国 20 亿电源无法满足 12 亿用电需求"的被动情景。英国于 2020 年 10 月提出了"全民风电"目标，原计划 2030 年实现海上风电为所有家庭供电；但政策刚刚实施，就受天气影响使得海上风电发电量同比骤降 35%，导致国家电网两个月内两度发布供应预警，发电系统进入紧急状态。因此，**可再生能源"看天吃饭"的随机性缺陷会进一步放大供、需两端的随机性矛盾，给整个能源系统供应可靠性带来风险，甚至触及安全底线。**

3. 以新能源为主体的新型电力系统，将对空间落地和既有电网的系统适应能力带来挑战

可再生能源未来将逐步由"补充能源"向"主体能源"转变，需要加快构建以新能源为主体的新型电力系统，以形成与超大城市相适应的现代能源体系，但与此同时也会对已较为完善的既有电网格局产生较大影响。

一方面，优质的风、光资源主要分布于我国国土空间的边缘地区（戈壁、沙漠、海洋等），当地用能需求规模较小，所发电能需要长距离输送至经济发达地区进行消纳。上述过程需额外建设大规模输变电设施，需要大量土地资源予以保障。

另一方面，为应对可再生能源接入城市电网将引发的安全、可靠性波动风险，必须对既有城市电网进行升级改造，如采取火电灵活性改造、配置储能、加强需求响应等措施，以提高系统适应能力。此外，传统电网自身的潮流、短路、安稳等限制条件，也会对新型电力系统产生刚性制约，进而产生高压电抗、无功补偿、直流背靠背等附加保护措施的空间落地需求。

二、上海能源发展方向与挑战

（一）实现全球城市目标愿景需要绿色能源支撑

"上海 2035"提出了绿色低碳成为上海未来发展的重要理念。规划同时前瞻性地制定了如"全市碳排放总量与人均碳排放量""清洁能源比重""分布式能源比例"等一系列绿色低碳发展指标，这与近期提出的"双碳"战略目标导向完全一致。

2021 年市政府批复的《上海市国土空间近期规划（2021—2025 年）》对上述指标进行了评估和细化（见表 8-1），以重点地区产业转型、能源结构优化、持续推广绿色交通和建筑等为重点，进一步挖掘节能降碳的潜力。

表 8-1 低碳减排行动指标一栏表

指标	单位	指标值		
		现状 2019 年	规划 2025 年	规划 2035 年
万元 GDP 能耗	吨标准煤 / 万元	0.34	较 2020 年下降 14.5%	0.22
碳排放总量较峰值降低率	%	—	力争 2025 年前实现碳达峰	5
非化石能源占一次能源消费比例	%	18	力争达到 20	—
天然气占一次能源消费比重	%	13	17	—
新建民用建筑的绿色建筑达标率	%	100	100	100
绿色交通出行比例	%	76	≥ 80	85

[资料来源:《上海市国土空间近期规划（2021—2025 年）》]

（二）大规模绿色能源替代将对城市既有能源供应格局产生较大影响

上海市远期可开发的海上风电资源潜力达 3 000 万千瓦[4]，与市内五大火电基地规划装机规模总和相当，远期另有约 1 000 万千瓦的光伏装机规模待实施。据此，上海未来有能力实现绿色能源对传统能源的大规模替代，电源分布格局将由二元支撑（市内电源 + 外来电）向三足鼎立（市内电源 + 外来电 + 海上风电）演变，总装机规模将接近 1 亿千瓦，这为上海能源安全保供储备了坚实的硬件基础。

但这一情况将对城市既有能源供应格局产生较大影响。主要体现在：一方面，城市电网将由标准的"受端电网"向区域"枢纽电网"方向转变，可能产生诸多新的特高压输电通道与设施建设需求；另一方面，基于现有能源需求分布，为实现大规模绿色能源消纳，城市主干电网格局势必面临调整。目前正在规划南、北两条直流海底输电通道，从东部沿海登陆并接入城市 500 千伏主干电网，顾路、新场、川沙 3 座 500 千伏变电站将成为接收海上风电的枢纽节点，由此可能带来设备升级、用地扩大、通道扩容等一系列调整，并给站点周边地区带来影响。

（三）海域空间在能源供给与利用方面发挥的作用还不够充分

党的二十大报告明确提出"坚持陆海统筹，建设海洋强国"。上海是我国最大的海港城市，拥有海域、岸线、潮汐和滩涂等丰富的海洋资源。在陆域空间资源稀缺的情况下，需要利用好海洋空间，加快统筹陆海空间资源一体化发展。

但当前上海陆海空间资源统筹水平相对滞后，海域空间在能源供给与利用方面

---

4 上海市发展改革委员会 . 上海市海上风电发展规划 [A]. 2022。

发挥的作用还不够充分，尤其是规模化的海域特色产业培育不够，既不能消纳大规模海上风电，也无法促进能源使用需求的空间转移，不利于可再生资源优化配置。

三、对策与建议

（一）循序推进能源转型，确保能源供应体系安全性

1. 需求端：用能需求缺口持续扩大，安全保供仍是近期头等大事

"十四五"开局前两年，上海的能源消费增速有所提高。2022年受极端高温天气影响，全市用电负荷再创历史新高，其规模已接近《上海市电力发展"十四五"规划》的预测峰值，增速明显高于"十三五"时期，大幅超出预期。预计本市能源需求仍将继续维持增长，需求缺口也将不断扩大，至2030年常规天气情景下电力需求缺口预计250万～500万千瓦，极端天气情景下预计350万～650万千瓦。

因此，安全保供是现阶段本市能源领域的头等大事。建议采取"以空间换时间"的策略，建立多元化的供应结构，新增大规模可再生能源设施的同时保留传统化石能源发电机组，以提升必要的安全冗余和应急能力。本市碳达峰之前，化石、非化石类能源供应设施将持续增加，形成煤炭、电力、石油、天然气、新能源、可再生能源全面发展的能源供应体系。

2. 供给端：化石能源为主的能源供应格局短期内难以改变，需循序推进能源转型

虽然我国可再生能源发展取得了显著成效，但对比世界发达国家发展水平，能源转型仍处于初级阶段，以化石能源为主的能源供应格局短期内难以改变。因此，在有序扩大油气消费规模的同时，我国也在加快发展各种新能源应用，以期能够缩短油气时代，尽快掌握新能源应用的主动权。

根据前文所述，能源结构转型给能源供应体系带来的影响较大且难以预判，依靠单一的大规模削减煤炭能源，或大规模增加可再生能源，均非实现气候治理目标的捷径。因此，能源结构转型须在确保供应安全稳定的前提下分阶段循序推进。

在发展初期，建议形成化石能源与可再生能源密切配合的多元化供应结构。在此框架内，将化石能源供应设施作为托底保障设施予以保留或暂缓退出。随着新型能源体系基本成熟并确保供应安全稳定后，化石能源再逐步退出并释放用地空间。整个转型过程中的能源总量规模将呈现稳中有降态势，其中化石能源比重可能呈现"快速增加→趋于饱和→维持平台→逐步下降"的变化特征（见图8-2）。

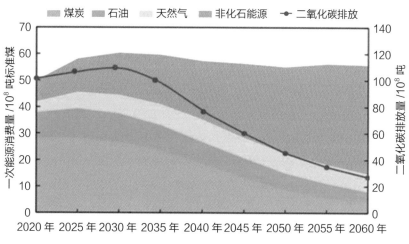

图例：煤炭　石油　天然气　非化石能源　—●—二氧化碳排放

图 8-2　能源需求及碳排放发展趋势预测

（图片来源：石油科技论坛）

（二）积极推动新技术和新应用，提升能源供应体系可靠性

国内外经验表明，实现对能源需求的"削峰填谷"是能源结构成功转型的关键。采用跨境能源市场构建、火电机组灵活改造、用户端能源需求响应激发等能源领域的新技术和新应用，从供应、消费两端同时着手，有利于提升能源供应体系的可靠性。

1. 构建跨域能源市场，促进新型能源体系供需平衡

随着可再生能源比重逐年上升，应更加重视其固有的随机性缺陷，并采取相关措施予以应对。南方区域电力市场已于今年 7 月启动试运行，标志着全国统一的电力市场体系已在南方区域率先落地，可实现电力的体系内跨省现货交易，这为推动更大范围内的资源优化配置提供了有效平台，是实现新型能源体系供需平衡的重要举措。

对于未来上海大规模可再生能源的开发利用，一方面应提前谋划，在华东区域内积极挖掘抽水蓄能等优质储能资源，不断为本市能源转型创造有利条件；另一方面应尽早开展本市能源网架变化趋势的相关研究，对海上风电将大规模接入的上海东南地区电网，及时开展电网容量升级、特高压跨区联络等相关研究论证，以提升可再生能源在长三角甚至更大区域内的消纳能力。

2. 发挥煤电机组"托底保障"的重要作用，推动降碳、供热、灵活性"三改联动"

为保障城市正常运行，在能源结构转型初期，应加强对煤电"托底保障"这一

功能定位的认知和把握，建立以清洁高效、先进节能的煤电机组为基础支撑的新型能源供需体系。应发挥煤电功能的重要作用，传统能源的关停退出应以新能源替代安全可靠为关键前提。

建议积极开展煤炭应用的相关新技术研究，大力推进煤电机组节能降碳改造、灵活性改造、供热改造的"三改联动"，提升机组的稳定性、可靠性和灵活性，最大限度减轻煤电运行对于生态环境的影响，走未来煤电的健康发展道路。改造后的煤电不但要成为低碳电源，还要在保障供应的同时发挥好调节型电源的功能，在可再生能源发电不稳定时顶得上去，在新能源成为主体能源时降得下来。

3. 利用新技术激发能源用户端响应潜力，平抑可再生能源带来的波动性影响

历史上每一次成功的能源结构转型，都是以完成消费端转型为主要标志的。单纯依赖能源行业供给端改革，无法完全满足新型能源体系"安全高效、灵活坚强、绿色生态"的要求，需要给予能源消费端以同等关注，通过充分利用能源新技术，改变消费端既有用能习惯、激发消费端响应潜力，从而达到进一步提升能源供应可靠性的目的。

以高渗透度、精准控制为核心理念的消费侧响应技术，如分布式供能、微型电网、虚拟电厂等，具备灵活多变的应用空间，在"削峰填谷"、应对可再生能源出力不稳定时可发挥重要作用。其中，分布式供能深入负荷中心，为地区提供热、电、冷等形式的能源服务，可显著提升用能效率，减少碳排放；微型电网可自行运转也可参与并网调度，可维持电力的局部优化与平衡，有效提升用户用能灵活性，减少对城市主干电网的冲击；虚拟电厂可利用智能控制与信息通信技术，对管理范围内用电设施进行模式调节，将节约的电量返送回电网，减轻城市电网压力。

以上技术一旦实现规模化应用，将可有效平抑可再生能源带来的波动性影响。同时，上述设施均可结合其他建筑设置，不仅能顺畅接入城市能源体系，还能"化整为零"融入既有城市空间，不会产生额外的用地空间需求。

（三）合理应对设施布局新需求，增强能源供应体系空间保障

1. 差别化应对新增设施空间需求

在土地资源紧约束的背景下，应根据各级国土空间规划，对新增能源基础设施的用地需求予以差别化考虑。

以扩容增效和节地技术来实现传统化石能源的阶段性空间保障。 传统化石能源最终将完全退出，但在能源转型过程中是不可缺少的过渡。因此，在面对可能出现

的煤电机组逆增长需求时，首先应考虑从既有存量土地资源中挖掘潜力。

对可再生能源的空间需求予以优先保障。可再生能源是落实"双碳"目标要求的核心路径，是未来的主体能源。对于这些新型能源的设施空间需求，在论证其必要性与合理性的前提下，应给予优先保障。

目前已识别的新空间需求主要有以下两类：

一是常规输变电设施。按照规划，至 2030 年前将有 500 万千瓦以上的海上风电接入城市主干电网。目前一期工程前期工作已经启动，海底电缆拟于长兴岛北沿登陆，并利用 G40 长江隧道登陆浦东新区，接入顾路、川沙 500 千伏变电站，将会带来集控站、换流站、变电站、电力隧道、500 千伏架空线等一系列输变电设施的落地需求。

二是控制保护设施。为应对可再生能源出力波动性而必须附加的控制保护设施，主要包括储能、高抗、无功补偿设施等。以储能为例，500 万千瓦储能配置方案（采用 20% 装机规模、2 小时配置标准）用地需求约 10 公顷。按此标准推算，规划 3 000 万海上风电及 1 000 万光伏所需的储能设施用地需求为 80 公顷，加上其他类型设施，预计用地需求总规模可能达到 400 ~ 500 公顷。

2. 探索实现能源需求多元化分布

探索能源需求多元化分布，改变现状能源陆域利用的单极模式，既有利于推动实现可再生能源的资源优化配置，也有利于减轻大规模可再生能源接入既有城市能源消费体系给陆域能源空间格局带来的冲击。

以深远海海上风电的大规模开发利用为例，应坚持"陆海统筹"原则，聚焦行业技术创新，论证利用海域空间就海布置新型能源设施（如储能、绿氢等）的合理性与可行性，促进风电资源的高质量开发应用。

未来条件成熟以后，可进一步引导能源陆域利用的单极模式向陆海双驱模式转变。根据风电资源的富余区位，针对性开发海洋经济产业或转移城市高耗能产业，在有效实现海上风电就近消纳的同时，也能缓解众多大型能源设施对陆域空间格局的影响。

水资源供给受气候变化影响较大，对上海而言，主要是面临海平面上升、暴雨及干旱造成的咸潮入侵加剧和水资源时空分布不均等问题。尽管上海供水水源不断拓展、水源地格局基本形成，但近年来极端气候对城市水资源供给带来的影响不断增强，在水源地保供、水源供水安全和净水厂原水供应安全等方面面临挑战。为保障城市水资源供应稳定，建议持续推进节水型城市建设，从需求和供给侧两端同时加强水资源科学合理利用；强化上下游的沟通协调和预警机制，促成跨区域水资源共保共建格局；进一步完善本地原水系统，提高供水系统风险应对能力。此外，建议审慎对待开辟引进域外新水源。

CHAPTER 9

第九章

强化跨区域共保共建和系统韧性，
保障城市水资源供应稳定

气候变暖对人类生存与发展均带来了严重威胁和挑战，包括城市水资源供应的稳定安全。2022年，长江经受了历史罕见的枯水年，上游来水不足及其他相关因素导致长江口遭遇罕见咸潮入侵。上海青草沙水库连续不可取水天数创历史最长纪录，对全市原水供应产生明显影响，也对本市中长期的水资源供给保障带来了严峻考验。

一、水资源供应安全受气候变化带来的影响

（一）气候变化对自然生态系统的不利影响是多方位的

气候变化会给地球和人类诸多影响，从生态至经济、社会众多领域。洪涝干旱、冰川退缩、冻土减少、冰湖扩大等现象，将导致水资源安全风险明显上升；沿海海平面上升，海洋灾害趋频趋强，海洋和海岸带生态系统受到严重威胁；能源、交通等基础设施和重大工程建设运营环境发生变化，易导致这些设施的安全稳定性和可靠耐久性降低；城市生命线系统运行、人居环境质量和居民生命财产安全也将受到严重威胁。此外，气候变化还将引起资源利用方式、环境容量和消费需求的改变，进而通过产业链影响敏感产业的布局和运行安全，甚至可能引发系统性金融风险和经济风险。

（二）极端气候对上海水资源安全供给带来影响不断增强

我国气候类型复杂，不同地区受气候变化影响的差异性较大。对于华东地区来说，主要面临台风强度增大、城市暴雨内涝和高温热浪事件增多，海平面上升等类型风险，沿海城市安全受到较大威胁。对于长三角地区来说，气候问题还将与人口、资源、环境等问题交织叠加，产生聚集、连锁和放大效应。

上海地处长江出海口，历来是长江三角洲地区受咸潮危害最严重的城市。咸潮一般在每年10月至次年4月之间发生。当淡水河流进入枯水期，海平面高于河流水面，在海水涨潮时会发生倒灌现象，当氯离子含量超过250毫克/升时，便发生一次咸潮。据记载，1978年发生的咸潮不仅侵入长江口，还进入了黄浦江，导致崇明岛被咸水包围近100天。而2006年10月24日的咸潮来袭，则造成了浦东新区的日供水量减少了1/4。

近年来，咸潮对上海的威胁程度正逐渐加大。相关研究表明，青草沙取水口自2011年投运至2020年底10年间，共遭受22次咸潮入侵。尤其是在2022年，遇到长江流域雨量少、梅雨期短，同时持续的晴热少雨，导致长江多地水位和流量出现不同程度的下降，这些叠加的影响使咸潮期提前至9月，持续时间也变得更长。

长江口水情复杂多变，咸潮入侵程度与径流量、外海潮汐、气候气象及河口形

态等因素密切相关。暴雨和干旱会影响流域水资源的时空分布，而气候变暖导致全球海平面以每年平均 3 毫米的速度上涨，将进一步提高海水倒灌的频率，增加咸潮发生的概率，对饮用供给水源外部环境造成难以估量的影响。

面对风险，上海在水资源安全保障上应采取主动适应的对策。通过加强自然生态系统和经济社会系统的风险识别与管理，充分利用有利因素、防范不利因素，以减轻气候变化产生的不利影响和潜在风险。

二、上海水资源供应系统现状与面临的挑战

（一）供水水源不断拓展、水源地格局基本形成

上海虽然河网密布、水资源丰沛，却是典型的水质型缺水城市。近几十年来，上海一直在拓展能适应城市发展需要的供水水源。过去较长时间内，本市中心城区的供水水源以黄浦江上游集中取水为主，郊区以内河分散取水为主，水量水质难以满足社会经济发展和人民群众的需要。21 世纪以来，通过逐步开展的集中式水源地工程建设，城市供水水源逐步从内河向长江口和黄浦江上游集中和转移。

目前，全市"两江四库"的水源地格局已基本形成。已建成黄浦江上游金泽水库、长江青草沙水库、长江陈行水库和长江东风西沙水库，该四座水库总有效库容近 5 亿立方米，原水供水规模达到 1 312.5 万立方米 / 日，其中青草沙水库供水规模最大，为 731 万立方米 / 日，黄浦江上游金泽水库居其次，规模为 351 万立方米 / 日。

长江水源地水量较为充足，也是境内水质最好的水域，长江青草沙、陈行和东风西沙三个水库负责上海中心城和东北区域的原水供应。黄浦江上游水源地随着金泽水库建成通水，其安全保障能力得到明显提升，主要负责上海西南五区的原水供应，其战略地位同样重要。

（二）气候变化条件下水资源供应安全面临挑战

1. 原水水质受上游来水影响较大，水源地保供仍有隐患

上海的黄浦江、长江口均位于流域的最下游，在常态运行时水源地的水质就受上游来水较大影响，上游地区经济社会发展也影响了来水水质的稳定性。同时，各大水库还受水体富营养化的影响，库内水体藻类种类复杂多变，对供水水质影响较大。如遇到极端的干旱天气，可能会进一步加剧上游来水对本地水源地的影响，导致常态运行的水量需求得不到保证。

2. 水源地间系统联动能力较差，水源供水安全存在风险

由于长江口水源地长期受咸潮入侵影响，咸潮期连续不可取水天数一直是该水源地水库设计运行的关键参数。青草沙水库目前是按照过去 50 年中长江河口咸潮入侵最为严重的 1978—1979 年枯水期典型特枯年进行设计，其连续不宜取水天数取值为 68 天。但是在上游极端枯水和海平面上升双重影响下，该数值仍存在被突破的风险。此外，陈行水库的连续不宜取水天数取值为 13 天，在咸潮期就已存在较大的供水缺口，影响到本市北部地区的供水安全。

在此情况下，目前各大水源地及其原水系统都相对独立，相互间系统联动能力较差，一旦某个水源地发生重大危险，其他水源地较难进行调配支援。

3. 部分存量供水设施更新滞后，净水厂原水供应安全需进一步巩固

供水需求的分布情况随着市域城乡空间格局的发展而变化，供水设施的布局与规模也应随之调整。如虹桥水厂和临港水厂的规划建设就是顺应虹桥和临港两个城市发展重点地区的需要。相对而言，中心城部分老水厂面临供水规模较小、深度处理改造难度大、未实现两路原水进线且新增通道困难等情况。因此，在新增供水设施满足城市发展需求的同时，应同样重视对现有设施的更新提质，增强全市净水厂原水供应安全保障。

三、国外城市经验借鉴与启示

1. 纽约：跨区域保供，注重水源集水区保护

纽约年平均降雨量 1 118 毫米。在干旱的枯水季节，面临哈德逊河海水倒灌给地区供水带来的严重威胁。当地主要采取以下对策：

一是施行跨流域调水、建库蓄水战略。面对海水倒灌威胁及不断增长的城市用水需求，纽约采取了跨流域调水、多水源供水、建库蓄水为主的供水发展战略，逐步建成了克罗顿、卡茨基尔和特拉华三个长距离的以水系为水源的输水系统。从纽约西北方 200 千米之外的山区，通过蓄水库、水渠道、高架水管、地下水道的建设，形成了包含 19 个水库和 3 个湖泊的三处水源地，总库容量达 20.7 亿立方米。在输水线路上还建有 3 个水库将不同水源系统相连通。

二是注重水源集水区安全保护。纽约的水源保护工作涉及政策法规、土地使用和规划、污染控制等多项内容，于 1997 年签署的协议备忘录（Memorandum of Agreement，MOA）中制定了包括土地征用和权益保障等方面的水源保护机制。其

中，土地征用机制使政府及有关机构和企业在 3 个集水区的水文敏感区域得以购买土地以涵养水源；权益保障机制确保了在为集水区提供水源保护措施之外，还必须为当地经济发展进行投资；备忘录中，土地征用投资高达 2.7 亿美元，集水区保护与合作投资计划约 4 亿美元。这些措施有效保证了纽约居民过去以及未来水源的清洁。

三是开展备用输水管道建设。为了保障市区配水安全，纽约从 1970 年开始建设 60 英里长的第三条输水隧道，待四期工程均完成时，纽约将具备完整的市内输水备用供水设施。另外，特拉华输水管道是将特拉华原水输送到城市的唯一途径，倘若特拉华输水管道关闭，纽约对其他水源的依赖将会增加，因而纽约正在规划评估新的水源地，以确保即使在特拉华输水管道长时间关闭的情况下也能够保证城市充足的供水量，其纳入论证的试点方案包括地下水、再利用水、新的输水管道、区域性联系通道等（见图 9-1）。

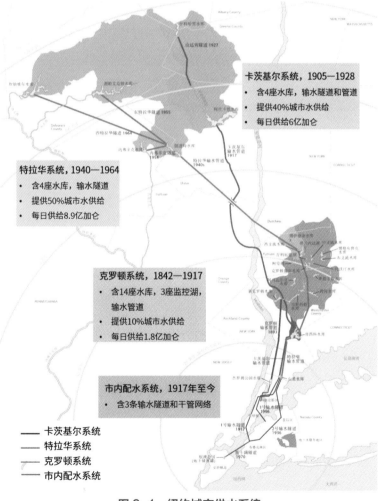

图 9-1　纽约城市供水系统

（图片来源：http://www.nyc.gov）

2. 东京：实现水系间原水连通，强化震后用水保障

东京都的水源几乎全部依赖地面水，地下水比例仅为 0.2%。为了确保原水供应，东京都建设了多个供水水库，其中最主要的是多摩川、利根川、荒川三大水系水库，总库容近 9 亿立方米。当地采取的对策主要有：

一是推进水系间原水连通设施建设。 东京都三大水系相对独立又相互连通，利根川／荒川水系和多摩川水系之间通过东村山净水厂和朝霞净水厂之间的原水连通管实现互通。正常情况下，利根川／荒山水系原水通过东村山净水厂和朝霞净水厂之间的原水连通管泵入东村山净水厂，利根川、荒川水系即可满足东京都日常用水需求，多摩川的一些水库则用来储水；当利根川／荒山水系出现供水问题时（如发生干旱），多摩川水系的原水通过重力流入朝霞净水厂。这种连通设计保障了城市供水的安全性，增加了利根川／荒山水系和多摩川水系原水供应的灵活性和原水输送效率。

二是强化震后用水保障。 日本长期深入开展供水系统防御地震灾害研究，出台了城市供水系统抗震设计和运行的技术规范和具体技术方法，在长年累月与地震的抗衡中积累了大量经验，为保证极端灾害下的供水安全、避免因大面积供水破坏造成更大损失提供了很好的范例。东京都为抵御地震灾害实施了系列供水震灾对策，其主要供水系统间备用导水管、送水管的建成将大幅提高区域的供水安全性（见图 9-2）。

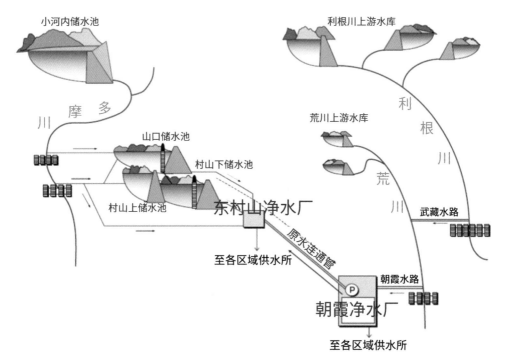

图 9-2 东京利根川、荒山水系和多摩川水系原水联络设施

（图片来源：http://www.waterworks.metro.tokyo.jp）

3. 经验启示

与纽约、东京等国际大都市水源地主要通过流域生态补偿、土地征收等方式进行严格保护相比，上海的水源地是直接从长江、太浦河取水，经暂存库调蓄后由泵站提升供应给水厂，水源水质受上游来水影响大，原水供应安全保障难度相对更高。但从城市规模和水资源供应格局来看，这些城市仍有若干值得借鉴的经验。

一是实现跨流域调水，多水源供水，建库蓄水。 采用跨流域、多水源的原水供应模式，尽可能设置集中式的水库作为水源地来提高原水的安全保障程度。

二是加大水源集水区安全保护的投入，保障水源地水量丰沛、水质稳定、安全可靠。 加强水源地周边及水质影响地区的环境整治工作，加大集水区保护的投入，持续涵养水源地环境，提高原水水质。

三是建设原水连通设施和备用输水管道，保障原水供应。 在不同的水源地系统之间建设原水连通管道及泵站等附属设施，为各系统提供备用的输水管道，保障极端和事故状态下的供水需求。

四是设计应急供水体系，制定应急预案。 充分考虑极端情况的可能性，制定周密的供水应急预案。

四、保障城市水资源供应稳定的对策与建议

（一）持续推进节水型城市建设，从需求和供给侧两端同时加强水资源科学合理利用

气候变化是一个长期的过程，为了应对用水、供水的突发状况，一是建议在城市的日常运行的细微处深入贯彻节水理念，推广分质供水、分质用水，加强非常规水资源开发利用以替代建成区绿化、道路或广场浇洒、洗车及生态、景观等用水，促进公共供水资源"优水优用"，实施节约高效用水；二是建议推行雨水资源利用，以分散布置的提标类雨水调蓄池作为收集、利用雨水资源的主要手段；三是建议鼓励在生态用地内多开辟湖泊、湿地，作为生态用水水源；四是建议科学合理降低城市产业和居民的用水量标准，引导建设节水城市。

（二）强化上下游的沟通协调和预警机制，促成跨区域水资源共保共建格局

虽然极端气候的影响难以估量，但可通过协调和预警机制做到防患于未然。一是建议与上游省市建立健全供水水源安全保障的长效机制，协调长江、太湖相关流

域机构加强对与上海接壤的跨省江河湖库水功能区重要断面的水质水量监测和水资源保护管理，强化入境上海的跨区域河湖（库）的水污染防控；二是建议深入推进太浦河清水走廊建设，涵养保护流域上游水环境质量；三是建议深化基础数据的监测和研究，强化极端气候灾害的预警机制。

（三）进一步完善本地原水系统，提高供水系统风险应对能力

建议在充分利用现状设施资源的情况下，通过系列措施，筑牢水源安全屏障。**一是**通过青草沙水库库底疏浚工程来增加水库的有效库容，用以抵御咸潮入侵引起的更长时间不可取水天数的潜在影响，同时该举措也有益于对水库蓝藻的控制；**二是**建设青草沙水库和陈行水库之间的库—库连通工程，实现青草沙与陈行水库的联动，该工程能够大幅提升陈行水库抵御咸潮的能力，也能间接地增加青草沙水库库容规模；**三是**结合长江口综合整治实施长江口北支束窄工程，可一定程度上缓解咸潮入侵的影响，缩短连续不宜取水天数；**四是**增设青草沙至陆域连通管道，提高长江水源地向上海陆域的原水输送能力，使其与青草沙水库库容规模相匹配，最大化发挥青草沙水库的供水潜能；**五是**促进陆域原水干管成环，实现长江、黄浦江水源地的连通，在极端情况下使水源地之间能够相互支援；**六是**推进现有水厂完成两路原水供应改造，提升事故状态的备用能力；**七是**保留备用取水供应体系，保存和完善备用取水设施及其用地，并通过对本地水资源质量的持续涵养来保障极端情况下的应急取水水质。

（四）审慎对待开辟引进域外新水源

本市域外引水方案目前主要有东太湖引水、沿江水库链、皖南调水等。 东太湖引水是指在东太湖集中取水，并建设原水输水系统，将原水输送至上海境内金泽水库；沿江水库链是指将现有的青草沙水库、陈行水库、太仓浏河水库、宝钢水库等通过工程措施相连通，构建沿长江水库链，提升长江水源地的供水能力和安全保障能力；皖南调水是指将安徽南部山区数座水库相串联，并通过输水隧道长距离输送至上海。

总体而言，对于域外水源的开辟应抱以审慎的态度。 一方面，上海周边的这些可利用水源大多已为周边省市使用，可转输的水量不大，在极端气候情况下水资源的跨区域调配也存在较大的不确定性；另一方面，水源地的开辟是城市的百年大计，需要对水质、水量、水动力等各方面因素进行长期的观测和研究后，才能充分论证其可行性。

就具体情况分析，各意向方案的成熟度不尽相同。 东太湖引水方案因跟踪研究

时间较长，条件相对成熟，但将金泽水库取水点接至流域上游可能会使外省市取消太浦河沿线水源涵养功能，进而影响下游的生态环境，因此该方案的推进必须结合相关流域保护政策同步实施；沿江水库链方案能够提升长江水源地的供水安全保障能力，其牵涉范围相对较小，可择机进一步研究和协调；皖南调水方案输水距离较长，跨越行政区域多，工程建设费用高，协调难度较大，对水量、水质条件和长期演变趋势及其能否适应本市水厂的工艺要求等均需开展更深入的跟踪研究。

郊野地区是城市重要的自然资源本底，郊野休闲游憩是市民追求高品质美好生活的重要内容。2020 年下半年以来，受政策引导鼓励，郊野游成为新的消费场景，带动了消费升级与产业发展。让生活链接自然，成为城市新风尚。上海既有郊野空间资源较为丰富，但总体上仍存在资源利用不足、功能挖掘不充分、管理和服务能力较低等问题，需要进一步加强郊野休闲游憩资源利用与功能培育，多维度满足市民对郊野休闲游憩的需要，并全方位提高相关管理运营和服务能力，实现"让自然融入城市，让生活回归自然"的愿景，打造"链接自然的美好城市"。

CHAPTER 10

第十章

提升郊野休闲游憩功能品质，
打造链接自然的美好城市

良好的生态环境是最普惠的民生福祉。党的二十大报告进一步强调大自然是人类赖以生存发展的基本条件。尊重自然、顺应自然、保护自然，是全面建设社会主义现代化国家的内在要求。郊野地区是城市重要的自然资源，郊野休闲游憩功能是城市满足市民高品质美好生活所不可或缺的重要内容。

一、城市郊野休闲游憩功能的重要性

郊野地区是城市重要的自然资源本底。郊野地区作为城市生态空间的重要组成，蕴藏着丰富的自然资本，不仅可以控制城市建设无序蔓延，为生态安全、生态保育和粮食供给提供空间保障，更是市民休闲放松的重要场所，具有经济、社会、生态等多方面的复合价值。伦敦、香港、新加坡等城市的郊野生态空间占市域总面积的比重超过七成。探索自然资本与经济同步增长的绿色发展模式、打造链接自然的美好城市，已成为国际化大都市的共同追求。

郊野休闲游憩是市民追求高品质美好生活的重要内容。以自然的方式亲近自然、享受自然，实现人与自然的双向疗愈已成为中外大城市共同的美好向往。数十年来，英国已陆续建立了250多个郊野公园，每年接待上千万游客。荷兰、法国、美国、加拿大等国家也相继建设郊野公园，保护城市生态环境的同时，为市民提供游憩娱乐、休闲康体等多种功能。我国自古便有"寄情山水"的情结，"五岳寻仙不辞远，一生好入名山游"，对郊野山林野趣的追求成为一种文化基因历代传承。北京、成都、香港、福州等国内城市近年来纷纷着力建设有吸引力的郊野休闲游憩空间，如北京绿隔、成都绿环、香港郊野公园、福州福道等，均已形成具有一定影响力的游憩品牌。

郊野休闲游憩已成为大城市生活和消费新方式。空间培育功能，功能影响生活，城市人的自然游憩新玩法层出不穷，比如关注全龄运动、在地化体验、野趣玩法等，满足都市群体"精野结合"，既想要融入自然又想要精致生活的意趣追求。如北京最大绿肺温榆河公园推出定向越野、山地波浪骑行、儿童平衡车、复合球类运动场等多样化的运动空间，以及涉及自然教育、艺术活动、音乐节庆等多样化的体验场景。伴随高审美、高品质趋势，郊野地区也逐步成为先锋设计的试验田与展示窗口，素有"江南最后秘境"的浙江丽水松阳已渐渐成为乡野新建筑的集结地，设计师将现代设计与传统工艺、在地产业等相融合，塑造传统美学与现代品质相兼容的建筑地标。

二、上海郊野休闲游憩需求与趋势

（一）功能需求层面：总量与类型双增，带动消费升级与产业发展

1. 本地游、周边游成为出行首选，郊野地区成热点

2020 年下半年以来，受政策引导鼓励，本地游、周边游已成为消费者出行的首选。未来智库数据显示，新冠疫情后，国民选择长途游意愿小幅下降 3.9%，而城市周边游意愿从 20.8% 大幅上涨至 75.9%。携程、途牛等旅游平台报告显示，2022 年国庆长假期间，选择 1～2 天出游行程的用户占比为 35%，超过了 3～4 天的行程出游人次占比（28%）。其中，北上广及华东地区等人口密集区的城市，市民的本地游、周边游需求更旺盛。

2. 新玩法不断涌现，新潮酷玩热度暴涨

年轻人催热了市内各种新型的户外活动，特别是飞盘、骑行、尾波冲浪、皮划艇、腰旗橄榄球等潮流运动热度飙升，"运动出游"正在成为年轻人的新旅行方式。去哪儿旅行 App 数据显示：2022 年国庆期间，骑行、徒步、划船、滑雪、骑马等运动游玩攻略，搜索量环比增长 200%。同期，携程露营旅游订单量同比增长超 10 倍。小红书舆情热度变化也印证了这一点，2022 年前八个月的"露营"笔记数量已超过 2020 年全年的 8 倍。

3. 郊野游憩带来新消费场景，带动消费升级与产业发展

以露营为例，近年来，露营相关的产品购买热度逐渐上升。2022 年淘宝"618"活动期间，与野餐相关产品的讨论热度同比提升了将近 6 倍。露营消费区间也出现了显著上涨，据库润数据分析显示，消费者单次露营的花费在 700 元左右。露营消费者客源地中，北京、成都、上海、广州位居前四，贡献了超过三成的游客量。随着市场规模的扩大，又进一步对产业链上游的露营设备生产、中游的社交平台和营地消费，以及下游的外延消费起到了较强的刺激作用。

4. 郊野民宿吸引力迅速攀升，价格直追五星级酒店

郊野民宿凭借"天然""自由"等特性，已逐渐成为都市客们的心头好。2022 年国庆期间，上海郊野民宿的预订量同比增长近三成，郊野民宿在所有民宿中的比重同比提升了 14 个百分点。郊野民宿的价格随之上涨明显，据携程 2022 年 9 月酒店数据显示，上海郊野民宿的平均价格已与市中心五星级酒店持平，其中远郊的崇明三岛尤为突出。此外，从游客评分来看，郊野民宿平均评价均优于城市民宿及四星、五星级酒店，消费者认可度相对较高（见表 10-1）。

表 10-1 各类酒店价格及评分对比统计

酒店类型	平均评分	平均价格（元）	距市中心平均距离（千米）
四星级酒店	4.48	454.45	10.78
五星级酒店	4.58	887.86	7.90
城市民宿	4.38	495.73	8.83
郊野民宿	4.64	823.75	32.73

（数据来源：2022 年 9 月 10 日—9 月 12 日携程酒店数据）

（二）活动类型层面：打卡、亲子、康养最典型

1. 特色资源、网红打卡成为热点

文旅部数据显示，2022 年国庆假期期间前往城郊公园、城市周边乡村、城市公园的游客占比居于前三位，分别为 23.8%、22.6% 和 16.8%，郊区远胜市区。同期，上海本地郊野游、露营游成为旅游热点，郊野公园成为网红打卡胜地，选择郊野游的出游人次同比增长 2 倍。其中，有特色资源的地区更受欢迎，长兴岛郊野公园 7 天累计接待游客 15.4 万人次，浦江郊野公园奇迹花园展区接待游客 6.5 万人次，顺应节庆时令推出的秋收体验，如挖藕、割水稻、捉鱼等深受欢迎。上海市消费者协会调查数据表明，生态资源特色已成为市民选择郊野休闲游憩的首要条件。

2. 综合体验、亲子度假深受青睐

大众点评数据显示，2022 年国庆期间"遛娃好去处"的搜索量比"五一"假期上涨 8.5 倍，其中，最具吸引力的是农家乐采摘体验、户外营地活动与新型亲子综合乐园。已有很多郊野地区推出了形式各异的亲子互动体验项目，如奉贤上海之鱼的"焕光森林"，超现实的夜光与中央森林公园结合，打造人与自然奇特的互动体验，受到热捧。

3. 让生活链接自然，引领城市新风尚

高节奏生活、高强度工作、高密度居住的大城市市民对疗愈身心、拥抱自然的向往不断提升，到郊野地区放松身心，选择自然疗愈的沉浸式体验成为新趋势。德国的森林疗法、日本奥多摩森林的"登计疗法之路"，以及美国的森林康养等受欢迎，均表明郊野森林地区为人类健康带来的积极影响。小红书搜索数据显示，"露营""花海""野餐"等搜索量呈高速增长，到森林中去，让生活链接自然，已成为城市新风尚。

三、上海郊野休闲游憩资源现状问题

近年来，经过持续的建设投入，上海已拥有一定规模的郊野空间资源，但总体上仍存在资源利用不足、功能挖掘不充分、管理和服务能力较低等问题，导致其既有休闲游憩功能品质与日益增长的广大市民对郊野地区的向往需求存在较大差距。

（一）空间资源利用不足

上海目前拥有面积在 200 亩以上的集中林地空间面积约 700 平方千米[1]，生态资源富集度高值区[2]面积超过 800 平方千米（见图 10-1）。这类郊野资源由于未进行系统的功能开发和必要宣传，大多不为公众所知。以面积在 200 亩以上的集中林地空间为例，经测算，上海郊野地区目前向公众开放的各类公园、露营地合计不到 300 处（见图 10-2），不足资源总数的 1/4。其中，由政府投资建设的全市乡村公园及开放休闲林地仅有 29 处，其余森林区域或为私人所有，或为林业管理封闭，公众可达性较差。

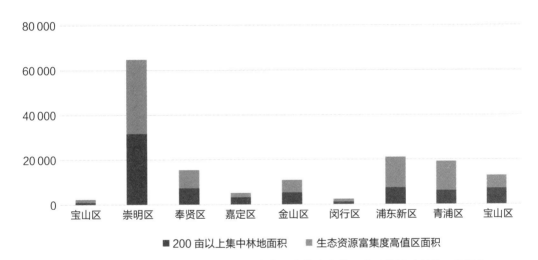

图 10-1　200 亩以上的集中林地及生态资源富集度高值区分区统计（单位：公顷）

（二）功能挖掘不充分

根据库润数据《2022 年露营调研报告》显示，自驾距离在 20 ~ 50 分钟内的城市近郊地区，以及自驾距离一个半小时以内的城市周边地区最受公众青睐。从上海情况来看，从居住地自驾一小时以内可达郊野休闲游憩点的市民，只占总人数的一半。外环绿带、楔形绿地等环城自然游憩空间多未激活。

---

[1] 以现状森林图斑进行聚合分析，统计聚合后总面积。
[2] 以第三次全国国土调查数据为基础进行聚合分析，通过自然断点法分级，提取高值区。

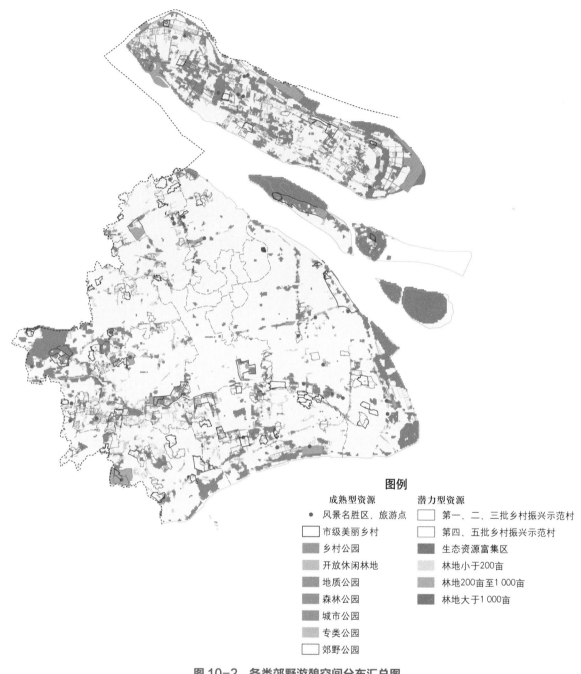

图例

成熟型资源
- ● 风景名胜区、旅游点
- ☐ 市级美丽乡村
- ▨ 乡村公园
- ▨ 开放休闲林地
- ▨ 地质公园
- ▨ 森林公园
- ▨ 城市公园
- ▨ 专类公园
- ☐ 郊野公园

潜力型资源
- ☐ 第一、二、三批乡村振兴示范村
- ☐ 第四、五批乡村振兴示范村
- ▨ 生态资源富集区
- ▨ 林地小于200亩
- ▨ 林地200亩至1 000亩
- ▨ 林地大于1 000亩

图 10-2　各类郊野游憩空间分布汇总图

（三）管理和服务能力较低

1. 资源不足凸显管理和服务滞后

空间资源利用不充分和功能挖掘不够，对管理和服务带来挑战。面对日益增长的市场需求，在自媒体宣传推动下，消费者出现自行"开发"新地点的现象，由于管理和服务的缺位，垃圾成堆、违规生火等问题时有发生，不仅带来安全隐患，也对自然生态资源带来了损害。

2. 配套不全致品质不高和接待能力不足

以露营为例，上海拥有相对旺盛的市场需求（见图 10-3）。但是当前郊野地区存在交通、垃圾处理、通信设备等基础设施供给不全等问题，部分景点服务设施只是对既有农业设施进行简易改造，与规范标准存在较大差距。马蜂窝《2022 露营品质研究报告》显示，有超过八成的露营游客倾向选择 1～3 天的短期游，但上海目前可过夜的郊野露营地占比不足 50%[3]。以上种种，均导致很多新增市场消费流向了周边省市。

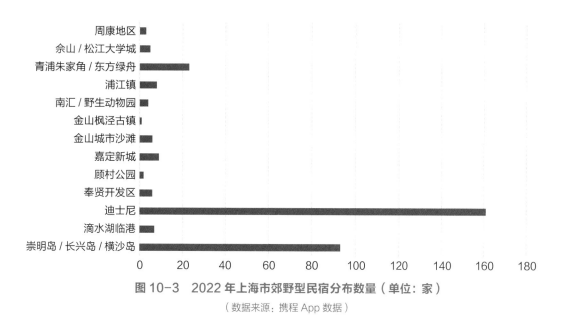

图 10-3 2022 年上海市郊野型民宿分布数量（单位：家）

（数据来源：携程 App 数据）

3. 宣传缺位影响市场潜能激发并加剧配套不足问题

管理运营缺少及时和准确的信息发布与宣传，一方面导致公众知晓率低，一定程度上影响了市场潜能激发；另一方面催生了自媒体成为宣传主力军，带来郊野休闲游憩空间网红化现象，导致偶然性峰值游客量过大，进一步加剧了景点配套不足的问题。

---

3 数据来源：根据野游地 Outingmap 小程序（截至 2022 年 11 月）数据统计。

4. 相关管理考核缺少资源品质导向

虽然上海集中林地空间规模不小，但普遍存在树种单一、苗木偏小、速生树种为主的现象，加上既有古树名木数量较少、彩化树种布局缺少统筹，导致全市郊野地区整体上景观单调、品质一般，对市民吸引力低。然而，市区两级财政每年投入资金并不少，究其原因是现行考核指标以规模建设为导向，没有纳入自然资源环境品质要求。

四、上海郊野休闲游憩功能品质提升建议

倡导"让自然融入城市，让生活回归自然"的理念，落实"上海2035"生态之城建设目标，打造"链接自然的美好城市"，真正实现与自然相连、与自然共生，满足广大市民对高品质生活的新需求。

（一）加强郊野休闲游憩资源利用与功能培育

1. 保护和修复自然资源生态本底

充分利用郊野资源的前提是加强保护和修复自然资源。要**以系统思维**对各类自然保护地、生态源地及其周边区域进行综合保护治理，关注各类自然资源富集区周边地区的生态威胁，关注岸上岸下、上游下游、陆域海域的协同保护与修复；**以设计思维**合理引导各类低干扰休闲活动，在非严格保护的自然资源富集区，以低干扰的设计方法将户外休闲活动融入自然环境，形成人与自然互动互馈的正向循环。

2. 挖掘和激发近郊休闲游憩活动功能

在上海主城区和新城的环城绿环以及近郊郊野地区，挖掘和激发休闲游憩活动功能是近期应强化的重点。**以人为本**，打造景观绿地多元交往空间，通过不同的空间设计满足使用者不同的心理与生理需求。**注重生态**，营造多层次的立体绿化，通过微地形的山丘、大片的草地、成片的树林，将市民引入公园，将自然引入城市。

3. 培育和提升远郊休闲游憩体验品质

远郊郊野地区的生态资源最丰富、郊野乡村特色最明显，是培育生态空间深度体验、提升精野结合空间品质的主要地区。**一是**提供具有独特吸引力的自然景观或活动。除了单纯性的游览赏景外，倡导深度融入自然环境、历史文化、在地特色的沉浸式自然体验，兼具休闲度假、运动康养、亲子教育等功能。**二是**提供精细化、

人性化的品质服务，能满足不同需求、不同阶层、不同年龄段市民的需求，既充分保留郊野气息，又提供精品服务。

（二）多维度满足市民对郊野休闲游憩的需要

1. 完善公共服务，提升满意度

完善基础配套设施，强化功能复合，建设公共厕所、售卖驿站、休憩服务点、垃圾收集等配套服务设施，保障郊野游憩空间的人性化服务。培育高品质和特色化功能，提供咖啡馆、图书馆、自然教育、运动休闲等，满足市民多样化的游憩需求。整合全市休闲游憩资源的信息，提供游客预约、实时客流、停车讯息等服务，并定期给市民推送季节性和特色化的信息，提高市民对于上海郊野休闲游憩资源的感知度和满意度。

2. 提升空间品质，提高美誉度

应注重植物配置，结合不同地区的功能定位和资源禀赋，以及地下水和土壤特质，种植本土色叶树种，营造独特的景观意向，让郊野空间随时间物候变化而不同。改变以林地规模为考核目标的做法，在重点的功能区域种植慢生、珍贵树种，营造富有品质的空间环境。积极鼓励艺术点亮郊野，邀请艺术家、设计师、画家等在郊野创作作品，让郊野游憩空间成为彰显上海设计艺术之都的重要载体。

3. 打通供需链接，增强感知度

挖掘本市基底条件良好的绿地、水系、片林等自然空间，适当加以整理，通过增加标识、完善服务配套设施等微改造或自然手法，拓展市民休闲游憩空间。可以借助融媒体平台，加强对郊野休闲游憩空间的宣传推广工作，发布郊野休闲游憩相关信息与必要指引，提升市民感知度。

（三）全方位提高管理运营和服务能力

1. 建立多元合作机制

鼓励市场在建设运营中不断优化服务内容，延伸服务领域，提升服务水平。引导社会和市场力量参与郊野休闲游憩资源的经营管理，促进政府与非营利性机构、社会资本、基金和专业公司建立长期稳定的合作关系。充分发挥乡村和镇的基层组织作用，支持郊野休闲游憩资源的维护和经营。

2. 创新管理考核机制

充分发挥政府在规划管控、政策扶持、监管服务、风险防范等方面的作用。建议考虑建立郊野休闲游憩相关的专项资金，统筹各部门如清洁小流域、林地抚育、中小河道整治等分散资金，发挥集成效应。鼓励专项管理部门开展市级财政资金使用情况的定期监测和评估工作，建立"监测—评估—调整"管理机制。转变以单一指标、近期效益为主的考核机制，探索将生态价值转化、生态建设品质、市民满意度和获得感纳入考核指标。

3. 倡导广泛公众参与机制

通过自然课堂或学校自然教育活动等形式，提高城市自然保护与生态审美，倡导与自然相链接的生活方式，增进市民对城市自然及本土生物多样性的理解。打通公众信息获取渠道，多样式建立规范化信息平台，涵盖全市各类郊野游憩目的地，做到服务设施可查询、活动项目可预约，建立游客与管理者的双向沟通机制，及时、充分地听取公众诉求，推动提高郊野休闲游憩空间的管理与建设水平。

社会治理的重心在基层。党的二十大报告指出要"加快推进市域社会治理现代化,提高市域社会治理能力""建设人人有责、人人尽责、人人享有的社会治理共同体"。上海于 2014 年举办第一届世界城市日,首次提出"15 分钟社区生活圈"理念,在全国产生了广泛的影响。当前,社区生活圈在基层协同营造的过程中,存在着空间单元不匹配、相关政策制定和实施未形成合力、既有社区规划的作用有限等问题,上海基层治理综合效能亟待提高。为此,研究提出三方面建议:一是创新网格化管理,以"片区"作为基层治理空间单元;二是强化组织保障,以社区规划作为基层综合治理的重要平台;三是发展基层民主,营造共建共享的基层治理新格局。

CHAPTER 11

第十一章

以社区规划推动生活圈协同营造，
提升基层治理综合效能

党的二十大报告明确提出，"完善社会治理体系。健全共建共治共享的社会治理制度，提升社会治理效能""加快推进市域社会治理现代化，提高市域社会治理能力""建设人人有责、人人尽责、人人享有的社会治理共同体"。基层治理主要指乡镇（街道）和城乡社区治理，是社会治理的重心所在。上海于 2014 年举办第一届世界城市日论坛，首次提出"15 分钟社区生活圈"理念，在全国产生了广泛的影响，近年来在社区基层开展了包括社区行动规划在内的一系列试点探索。但总体来说，当前生活圈理念落实的面还比较窄，与基层治理的结合度还不够，需要采取针对性对策，进一步发挥社区规划的作用，助力提升基层治理综合效能。

一、当前基层协同营造社区生活圈存在的主要瓶颈

"15 分钟社区生活圈"理念，是以"宜居、宜业、宜游、宜学、宜养"为愿景，以市民适宜的慢行时空为范围，通过因地制宜、高效配置各类空间资源，满足人民群众对美好社区生活的向往。社区生活圈具有鲜明的基层生活单元的属性，其从理念到具体落实，离不开与基层治理的紧密结合。同样，提升基层治理综合效能也需要有效推动社区生活圈的协同营造。就上海当前而言，主要存在以下几方面问题。

（一）空间单元不匹配

社区生活圈是以满足人的需要为导向的生活单元空间。虽然其空间范围与人口密度和慢行可达性等密切相关，但按照有关技术标准，其服务半径原则上不超过 1 千米。2016 年发布的《上海市 15 分钟社区生活圈规划导则》明确，15 分钟社区生活圈一般范围在 3 平方千米左右，常住人口 5 万～10 万人，步行可达距离为 800 至 1 000 米。自然资源部 2021 年出台的《社区生活圈规划技术指南》规定，15 分钟层级城镇社区生活圈的服务半径一般为 1 000 米。

目前，上海实行"二级政府、三级管理、四级网络"的城市管理体制。2022 年上半年，全市共有街道 107 个，平均辖区面积约 7 平方千米，平均常住人口约 9.7 万；居委会共 4 652 个，平均辖区面积约 1 平方千米，平均常住人口约 0.4 万。街道的平均治理范围是社区生活圈的 2 倍，居委会的平均治理范围只有社区生活圈的 1/3。可以说，**当前无论街道还是居委会，其治理范围都无法与社区生活圈空间范围相匹配**。

同时，**不同街道之间的治理范围差异大**。一是治理范围规模差异大。如全市面积最小的静安区石门二路街道为 1.07 平方千米，面积最大的青浦区香花桥街道为 64.8 平方千米，两者相差 60 多倍；人口最少的静安区石门二路街道仅有 2.4 万人，人口最多的浦东新区花木街道达到 24 万人，两者相差 10 倍。**二是**治理范围内需求

差异大。规模较大的街道内部往往有大型居住区、产业园区、综合商圈等不同的功能集聚，带来不同人群之间的需求差异性较大，对生活圈理念的精细化落实和均等化服务带来的挑战也更大。

（二）政策制定和实施未形成合力

相关部门已就社区生活圈营造，启动了一系列政策试点。如市规划资源局开展了《15 分钟社区生活圈行动规划》试点工作，探索以街道（镇）为单位、以年度行动计划为重点的社区行动规划；市住房城乡建设管理委、市民政局联合发布了《关于开展完整社区建设试点工作的通知》，开展了以居民委员会辖区为基本范围的社区试点工作；市商务委会同相关部门联合发布了《上海"一刻钟便民生活圈"示范社区建设试点方案》，以满足居民对日常生活基本消费和品质消费的需求。

但是，当前政策的制定与实施缺少跨部门协同，上下双向反馈机制也未形成。随着社会经济的发展，社会治理领域的新要求不断涌现，作为社会治理的"终端"，基层治理面对的上级主管部门多，政策要求多，在部门相互之间欠缺有效联动协同机制的情况下，往往会带来条块分割、权责失衡、资源分散等问题。

如上述试点工作都关注了社区服务设施的"补短板"和"提品质"，但由于分属不同上级主管部门，缺少对于社区发展的系统性、长远性谋划，同时也较难实现对相关项目在空间利用、资金来源、实施时序等方面的合理统筹安排。此外，当前的政策制定和实施，主要体现了自上而下的传导，街道更多扮演的是被动承接工作任务的角色，缺少必要的双向反馈，一定程度上影响了政策制定的科学性和实施的效能。

（三）既有社区规划的作用有限

社区行动规划是当前生活圈理念在基层落实的主要工具。上海自 2016 年起由点及面以社区行动规划推进试点实施，具有实施导向性与问题导向性的特点，目前一大批有影响力的社区项目已落地。如 2017 年启动的浦东新区缤纷社区建设行动，选取与居民密切相关的公共要素为更新试点项目，共形成 9 项行动，并在 1 至 2 年内实施完成。

社会治理的新形势对基层治理的综合性与精细度都提出了更高要求，相对来说，**社区行动规划的综合性不足，内容较为单一，未能在基层治理层面发挥应有的作用。**一方面，规划重点聚焦近期建设指引，考虑需求较紧迫、实施难度较小及实施主体较有积极性的建设项目，而在基层治理的整体谋划、综合提升及近远期建设时序安排等方面着力甚少；另一方面，当前的社区行动规划主要以居住社区领域的近期项目为主，无法应对日趋复杂多元的基层治理诉求，以及涵盖居住、商务、产业等多功能需求的社区生活圈营造。

缺少必要的组织保障也是制约社区规划作用发挥的关键问题。上海建设"15分钟社区生活圈"不乏相关实践与探索，但多为各部门、各区自发提出，街道根据自身需要组织落实。相对北京、成都等地而言，总体上缺少必要的自上而下的组织保障，以致未能形成稳定的工作体系，影响了社区生活圈理念在基层的落实。如2019年开展的《15分钟社区生活圈行动规划》，在试点工作结束后并未继续推广。普陀区规划资源局、区地区办于2019年联合制定了《普陀区社区发展规划导则》，明确该区社区规划技术指南和编制规范，但随着区有关部门职能的调整，放缓了社区规划的推进。2022年市委、市政府联合印发《关于上海"十四五"全面推进"15分钟社区生活圈"行动的指导意见》，提出构建多元主体参与的协同机制，由各区委区政府负责整体推进，以街镇为主推进实施；围绕社区愿景，明确了十三项重点任务。实际推动上可能仍将面临自下而上的社区行动为主、与各级各类国土空间规划和发展规划的融合度不够等问题，街道层面动态更新的陪伴式服务需求也需进一步得到响应。

（四）基层主体参与不充分

党的二十大报告强调要"积极发展基层民主"，"增强城乡社区群众自我管理、自我服务、自我教育、自我监督的实效"。随着基层治理方式从行政性单一化管理向党领导下的多元共治转变，社区生活圈作为践行"人民城市"的重要理念，其具体实践同样离不开基层各类群体的有序参与。但从上海现状情况看，仍然存在多方面的问题。**一是缺少相关参与机制**。如社区行动规划，因为缺少对多元主体的参与过程、参与方式以及利益协调的机制保障，其公众参与止步于项目前期的常规问卷调查，难以实现凝聚广泛共识、推动多维共建的初衷。**二是欠缺常态化参与平台**。在2022年四、五月份的社区"战疫"中，基层社区群众的共商共建共治发挥了很大的作用，但回归社会常态后，特别是涉及多部门协同管理的公共事务，缺少正规、长效的意见反馈和协商参与平台。**三是基层治理参与热情不足**。超大城市的高流动性、高度社会分工和网络化的普及也使得人们对参与基层治理的热情相对较低，因此，有必要通过评估、研究和广泛的意见征询等，挖掘、凝练出能让市民真正有感的具体的公共议题，从而激发市民参与基层治理的热情。

综上所述，本议题从创新网格化管理、强化组织保障、发展基层民主等三方面提出对策建议。

二、创新网格化管理，以"片区"作为基层治理空间单元

党的二十大报告指出，"完善网格化管理、精细化服务、信息化支撑的基层治理

平台，健全城乡社区治理体系"。在这方面，各地都已有一定的创新探索。如上海徐汇区在每个街镇设置 3 ～ 5 个片区，打造一站式"生活盒子"；杭州拱墅区在 2022 年 8 月底举办了社会治理片区改革启动暨武林街道片区工作站揭牌仪式，让城市社会治理更加集中、高效、扁平化，也让居委有更多空间做好自治服务。概括而言，这种"片区"治理模式，就是在街镇下划分和建设网格化管理和服务单元，将管理与服务力量同步下沉到片区，并将其打造成社区共治新枢纽和管理服务新平台。

（一）片区是衔接基层治理和社区生活圈的最佳空间单元

基于社区生活圈理念划分规模合理的片区，在空间范围上可以更好地应对街道辖区差异大、与生活圈空间单元难适配的难题。片区作为街道与居委会之间的管理服务"中间体"，在空间上能匹配居民日常生活的时空活动范围，同时强调内部人口属性与主导功能的相对一致，从而形成更加有效的治理边界。

（二）片区的划分要体现社区生活圈以人的活动为核心的理念

片区作为基层治理空间单元，要综合考虑空间规模、人口密度和需求结构。**一是半径适宜**。应以居民日常生活的慢行半径为空间范围，避免跨越城市干路、河流、铁路等空间障碍，确保生活便利性。**二是规模合理**。应以 1 万 ～ 3 万人 / 平方千米的人口密度为基准作合理调配，确保服务有效性。**三是功能合宜**。应确保其主要功能供给能符合片区内多元人群需求，促进不同主体之间的团结、协调与分享，形成更加有效的"治理共同体"。

（三）片区的划分还需要有统一的指导和规范

当前片区的划分及相关工作，以各区、街道自发探索为主。普陀区以步行 15 分钟距离为半径，将 10 个街镇统筹划分为 28 个片区，平均面积 1 ～ 3 平方千米，人口规模 3 万 ～ 5 万，并整合了"党建"、"管理"与"服务"三大功能。长宁区周家桥街道根据社区规划，结合辖区地理区位特点、小区建设年代、居住人群类型等，划分为东、中、西三个片区。

三、强化组织保障，以社区规划作为基层综合治理的重要平台

基层治理强调的是多元参与、互动协作、公开透明，核心是通过一系列的公共议题把社区中的不同群体以及资源组织起来，从而形成重要的治理共同体。

社区规划可以成为基层治理的重要平台和良好载体（见图 11-1）。当前的社区

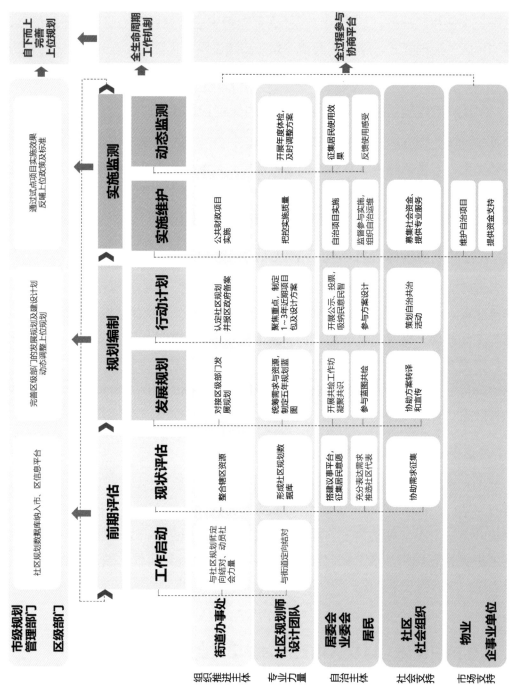

图11-1 作为基层治理重要平台的社区规划工作框架建议

规划应从行动规划向综合性规划转型，尤其应在组织保障方面着力强化，并以片区为最小空间单元，落实社区生活圈理念，实现空间、资源和行动的整体协同，统筹居住、就业、文化、体育、教育、养老、医疗、商业等各个条线的工作，并基于各街道的资源禀赋、人文特色与治理能力，因地制宜形成更具针对性与实施性的行动安排。

（一）机制赋能，形成多方协同、上下联动的工作体系

1. 构建由党组织统一领导的城乡社区发展治理新机制

在市级统一领导下，加强多方协同、上下联动、系统提升，通过区域化党建、党建联盟、社区党工委等创新模式，整合社区资源、搭建社区平台、丰富社区服务。在党组织统一领导的城乡社区发展治理新机制下，组织开展社区规划的编制与实施。

如成都在市、县两级党委序列设立"城乡社区发展治理委员会"，由常委、组织部部长兼任主要负责人，负责制定城乡社区发展治理政策体系并推动落实、编制城乡社区发展规划和标准，统筹推进城乡社区有机更新和公共服务供给能力建设；充分发挥牵头抓总、集成整合作用，把分散在 20 多个党政部门的职能、资源、政策、项目、服务等统筹起来，通过加强组织保障，破解社区工作"九龙治水"困局。

2. 形成完整的社区发展治理规划体系

一方面，既有的上海国土空间规划体系的各层级各类型规划以及发展规划应完善充实社区发展治理的相关内容并做好规划传导和衔接；**另一方面**，社区规划作为基层治理层面的非法定规划，应充分衔接并落实好各级各类国土空间规划和发展规划，以此形成社区发展治理规划体系。成都市在这方面已有所实践，在市域和区（市）县总体规划层面解决区域内社区发展治理体系的构建，以及与区域重大战略的衔接落实；在专项规划层面由各个职能部门牵头，聚焦应对社区各类需求和问题；在街道和社区编制以社区规划为主的实施性规划，并形成项目库推动落实。

3. 搭建多元主体参与的规划协商平台和参与机制

明确各类主体在社区规划过程中的着力点和着力方式，提升其有序参与社区规划和基层治理的积极性。其中，街道办事处是规划的组织编制和实施推进主体，负责制定工作计划、协调公共资源、动员社会力量、认定规划方案、推动项目实施等；社区规划师及设计团队是规划的专业服务力量，全程参与社区规划、建设和管理，提供持续性、在地化的专业指导和技术服务；居委会、业委会及居民是规划的自治参与主体；社区社会组织是规划的社会支持力量；物业公司、企事业单位是规划的市场支持力量。

（二）要素拓展，涵盖人民群众对美好生活的全面需求

1. 关注多元需求，体现综合性

社区规划的编制应围绕人的生产生活所需及其相应的空间来优化服务要素配置，涵盖人民群众对美好生活的全面需求。加强关注社区空间中人的生产生活方式、人际网络、文化认同，及其与生活场所、公共环境之间的紧密联系，通过整合人文、经济、环境、服务、治理等领域的各类要素，以综合性干预行动提升社区整体品质。既要覆盖最基本的生活服务功能，还要充分考虑到不同地区、不同人群结构的差异化需求；既要覆盖公共设施等物质条件配置需求，也要重视社区安全、艺术文化、睦邻友好等人本需求。

2. 关注利益统筹，强调协同性

社区规划在关注空间建设（硬件）的同时应关注社会治理（软件）的利益统筹要求。社区规划在编制过程中，应切实实现全过程的公众参与，不断回应社区的在地化需求，以此促进适应全口径人群、全年龄段成长和可持续发展的生活圈协同营造。社区规划在实施过程中，应在推动社区空间品质提升的同时，不断推动不同利益主体间的价值认同，融合异质化程度不断趋高下的社区情感，推动社区生活圈的协同营造。

（三）常态滚动，形成全生命周期的工作模式

社区规划要体现动态更新、持续滚动的特点，形成"前期评估—规划编制—实施监测"的全生命周期工作模式。

前期评估阶段，由街道牵头组建社区规划合作团队，包括社区委员会委员、社区规划师、社区社会组织等，形成具有一定的多样性、开放性和专业性的团队，是社区规划凝聚共识、顺利实施的重要前提。为增强规划编制的科学性和实施可行性，还应聚焦人口、空间、社会、经济等综合方面，摸清社区资源本底，形成社区规划数据库。

规划编制阶段，注重长期目标与阶段目标的结合，实现分层次、渐进式发展。规划要以系统思维匹配需求、整合资源，制定与国民经济发展规划时限相匹配的五年规划蓝图，对社区长远发展拟定目标和路径；要综合考虑需求紧迫度、实施难易度等因素，制定行动计划，形成1~3年近期项目包，并明确实施主体、资金来源、推进时间等，实现公共资源的精准配置。

实施监测阶段，整合政府、居民、社会、市场多方力量共同推进项目建设及运营维护。建立社区规划体检指标体系并开展年度实施评估，不仅包括对硬件设施的使用进行评价反馈，也包括对治理主体的工作进行监督评估，不断动态优化，使得规划和治理工作能在较短时间内实现自我纠偏。

四、发展基层民主，营造共建共享的基层治理新格局

党的二十大报告指出，"基层民主是全过程人民民主的重要体现"。社区规划本身就是为多元主体广泛参与搭建的平台，是全过程的参与式规划，为规划师、社区居民、社会组织、在地企业等多方式、多途径、多层次地参与社区事务，创造出包容的社区环境，从而推动实现全过程人民民主。

1. 建立社区规划师制度

积极引入规划专业力量，并建立社区规划师制度，不仅有利于提升社区建设水平和基层治理水平，也能为社区规划的全生命周期工作模式提供长效的专业保障。北京在这方面已经取得了良好的效果。2019 年颁布《北京市责任规划师制度实施办法（试行）》，以街道、镇（乡）、片区或村庄为责任单元，建立了完整的制度保障体系，成立工作专班，开展跟踪调研、制度设计、能力培育、智慧协同 4 项陪伴式服务，孵化多种类型的落地实践项目。截至 2021 年底，已实现全市 333 个街乡地区的责任规划师全覆盖。

2. 激发居民参与热情

居民是生活圈营造的主体，应采用多种方式激发其参与社区规划的积极性、主动性和创造性。一是转变观念，注重居民意见的实时反馈，推动居民从被服务者向参与决策者和服务提供者转变；二是完善社区自治的议事、协商程序，简化和规范相关参与程序，主动提供更多参与途径；三是培育居民深度参与社区规划的能力，注重相关政策的宣传和信息的及时传递，积极运用互联网和移动通信技术，为居民参与提供更为直接高效的互动手段。

3. 广纳多元社会支持

通过建立相应的激励机制（如基金会、信贷机制、奖励机制等），鼓励第三方机构以直接或间接的方式介入社区规划和治理。鼓励社会组织通过提供低偿服务等方式实现"自我造血"，提升其自主运作能力，减轻政府行政和财政负担。

4. 提振市场参与动力

通过完善市场主体参与社区基层治理的相关激励机制，提振市场参与动力。鼓励辖区内市场主体提供可共享的空间资源，通过党建联席会议机制等将在地单位拧成一股绳；吸引更多企业提供资金支持或通过项目认领参与建设；积极依托物业公司进行自治项目的维护。

上海大都市圈已初步建立开放协作的空间协同机制，但总体上与上位空间层面的一体化协同机制的融合不够，也未形成常态化运行。当前，《上海大都市圈空间协同规划》已正式发布，其实施应整体纳入长三角区域合作机制，要突出多层次、差异化的空间协同，强化多主体、开放式的平等协商，坚持多系统、常态化的实施运行。具体而言，建议构建完整的规划实施框架体系，推进跨界地区和专项系统规划协同，形成分阶段规划实施的行动机制和规划维护机制，开展常态化跟踪研究和前瞻性战略研究，强化规划实施政策体系与技术保障；并同步深化空间协同机制，建议以空间协同专题合作组为平台纳入长三角区域合作机制，同时实现协同指导委员会和领导小组常态化运行。

CHAPTER 12

第十二章

深化空间协同机制，
推动上海大都市圈更高质量发展

党的二十大报告指出，"深入实施区域协调发展战略、区域重大战略、主体功能区战略、新型城镇化战略"，并强调"以城市群、都市圈为依托构建大中小城市协调发展格局"。都市圈已成为参与"双循环"的基本单元之一，是保障国家发展和安全的重要抓手。2022 年 1 月，《上海大都市圈空间协同规划》（以下简称《协同规划》）由上海市人民政府、江苏省人民政府、浙江省人民政府联合印发，是新时代全国第一个跨省域的国土空间规划，也是全国第一个都市圈国土空间规划。《协同规划》顺应国家区域协调发展战略与空间治理现代化等要求，率先开展了以规划编制和技术创新提升区域协调与空间治理水平的路径探索。为扎实推进《协同规划》实施，应构建完整的规划实施框架体系，并深化落实上海大都市圈空间协同机制。

一、各层次区域空间协同机制的基本情况

（一）国家层面成立了推进长三角一体化发展领导小组

2018 年长三角一体化发展上升为国家战略，2019 年中共中央、国务院印发《长江三角洲区域一体化发展规划纲要》，成立了推进长三角一体化发展领导小组，负责统筹指导和综合协调长三角一体化发展战略实施，研究审议重大规划、重大政策、重大项目和年度工作安排，协调解决重大问题，督促落实重大事项，全面做好长三角一体化发展各项工作。领导小组办公室设在国家发改委，承担领导小组日常工作。

根据 2019 年 5 月印发的《中共中央 国务院关于建立国土空间规划体系并监督实施的若干意见》，跨行政区域或流域的国土空间规划属于专项规划。在自然资源部国土空间规划局内设有专项规划处，具体负责跨行政区域的相关空间协同工作。但在国家层面，尚未就特定区域的空间协同工作建立专门的协调机制。

（二）长三角区域层面形成了区域合作机制

自 2008 年起，长三角地区逐步形成了"**上下联动、三级运作、统分结合、各负其责**"的区域合作机制。其决策层为"长三角地区主要领导座谈会"，负责审议、决定和决策长三角区域发展的重大事项，会议每年召开一次。协调层即由三省一市常务副省（市）长牵头的"长三角地区合作与发展联席会议"，负责协调推进主要领导座谈会部署的区域合作重点难点事项。执行层包括三省一市各自的联席会议办公室、15 个专题合作组及长三角区域合作办公室，负责各省市、各专题领域战略决策研究谋划，制定年度工作计划并推进落实、统筹协调和督促检查等。

（三）上海大都市圈层面组建了空间规划协同领导组织机构

按照平等协商、对等约束、依法治理、合作共赢的原则，2019 年沪苏浙两省一市联合发文，组建了上海大都市圈空间规划协同的领导组织机构，成立了上海大都市圈空间规划协同工作领导小组（以下简称领导小组）、上海大都市圈空间规划协同指导委员会及专家咨询委员会，明确了相应规划编制、认定和实施机制。但在空间规划协同之外的其他领域尚未建立相应的协调机制。

（四）邻界地区层面探索了多种类型的跨界协同机制

上海大都市圈范围内的邻界地区，已探索形成了多种类型的相应协同机制。例如，长三角生态绿色一体化发展示范区搭建了"理事会＋执委会＋发展公司"三层次管理架构；上海和江苏、浙江的三个跨界城镇圈确立了空间协同"四个共同的基本准则"（共同编制、共同认定、共同指导下位规划、共同监督实施管理），逐步形成了邻界地区规划协同双边或多边联席会议机制。

总体而言，面向空间协同，各层次区域均已展开了积极探索。上海大都市圈层面基于《协同规划》编制工作，初步形成了开放协作的空间协同机制，但总体上与国家层面和长三角区域层面的一体化协同机制融合不够，同时尚未形成常态化运行，应进一步创新思路、深化落实。

二、其他都市圈空间协同机制经验借鉴

（一）国际都市圈呈现因地制宜的多模式特点

归纳起来，国际主要都市圈在协同治理模式和机制建构上，主要有如下模式（见图 12-1）：**一**是建立非法定、协作式的市际合作机制，如短期或长期的委员会、工作组和协会等易于组建的咨询和商议平台；**二**是设立市际联合行政机构，可分为单一职能和多重职能两类，通常是以区域规划协同或降低公共服务供应成本为目的而设立；**三**是保留市级政府并新增都市圈层级政府，后者通常负责区域统筹和部分公共服务的供应，并接管市级政府的一部分职能；**四**是合并市级政府成立都市圈政府，或升格核心城市政府并接管其他市级政府，相对前三种，此类模式较少。

（二）国内都市圈主要采用行政主导模式

国内都市圈的区域协调机制以行政主导模式为主，在落实国家战略要求基础上，构建包含决策层、协调层、执行层等多层级的运作协调机制。例如，南京都市圈自

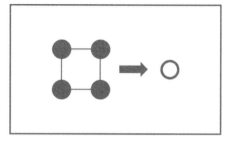

非法定、协作式的市际合作机制 市际联合行政机构

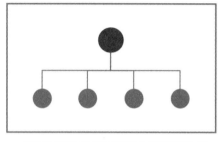

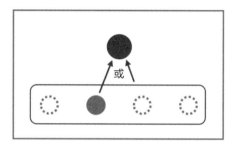

保留市级政府并新增都市圈层级政府 合并市级政府成立都市圈政府/升格核心城市政府并接管其他市级政府

图 12-1 国际都市圈协同治理机制的模式

下而上成立了"南京都市圈城市发展联盟",构建了"决策、协调、执行"三级机制。其中,决策层由都市圈各城市党政主要领导共同召集,协调层由都市圈各城市政府分管副市长负责召集,执行层则由联盟秘书处和 17 个专委会组成。

都市圈核心城市的自然资源主管部门往往作为区域空间协同的牵头部门,其他城市相关部门参与,共同成立都市圈空间协同专项组织,纳入更高等级的区域发展平台并接受指导,构建规划引领、上下结合、多方对话、形成共识的空间协同机制,推动都市圈层面空间事项的矛盾协调与合作协同。

三、对上海大都市圈空间协同机制的总体认识

共同推进《协同规划》实施工作,建设好上海大都市圈,既是"上海 2035"总规实施的重要内容,也是落实长三角一体化发展国家战略的重要任务。《协同规划》在编制时,就考虑同步建立完整的空间协同机制框架,明确了实施推进的基本导向。

(一)整体纳入长三角区域合作机制

结合上海大都市圈的发展实际和《协同规划》实施特点,只有全面融入长三角区域合作机制,才能最有效推进和落实大都市圈空间协同机制。尤其对于区域重大

空间战略问题、重大空间协同事项，难以在市际平行层面协商解决的，或需要共同争取落实的发展诉求和需要共同突破的政策瓶颈，只有在长三角区域合作机制的决策层和协调层才能得以统筹，乃至上升到国家层面的推进长三角一体化发展领导小组进行决策。

（二）突出多层次、差异化的空间协同

针对跨界地区空间协同，上海大都市圈明确了"都市圈—战略协同区—协作示范区（区县级）—跨界城镇圈（镇级）"四个空间层次，并提出了不同的协同重点。**都市圈层面**，重在确立总体战略愿景，搭建整体发展框架，确定创新、交通、生态、人文要素协同的目标与策略，指引下位规划编制工作。**战略协同区层面**，聚焦跨行政区的战略性空间资源统筹、空间底线管控要素的跨区域联合保护、重点合作发展区的联合共建等，明确共建、共治、共保的协同行动。**协作示范区层面**，落实战略协同区的重点任务与行动，深化一体化项目布局，强化创新、交通、生态、人文的跨界衔接。**跨界城镇圈层面**，促进城镇圈级服务设施共享、产业功能布局优化、生态环境共保，以及基础设施统筹融合。

（三）强化多主体、开放式的平等协商

上海大都市圈涉及多个相对平行的行政主体，客观上存在一定的差异、矛盾甚至冲突。《协同规划》编制过程始终遵循平等协商、开放协作的原则，在规划实施中也应继续坚持。**应搭建开放性的利益磋商平台**，在面临共同问题时，讨论、协商、博弈，平衡各方利益诉求，达成共同目标，形成发展共识，实现合作共赢。本着求同存异的开放态度，先行落实共识内容，暂时搁置矛盾争议，留待后续逐步完善明确。**要发挥专家和智库的决策咨询和技术支撑作用**，确保决策事项的科学性与可实施性。

（四）坚持多系统、常态化的实施运行

上海大都市圈发展包含跨区域多系统多要素的统筹协同，都涉及空间上的具体落实。为此，《协同规划》形成了"1+8+5"的成果体系，其中，"1"是规划核心成果，"8+5"旨在突出实施导向，按照"目标—行动—项目"的技术路线，凝聚区域共识，形成行动任务和项目库。《协同规划》印发后，"8+5"的各行动牵头单位，还需依据规划、着眼长远、立足全局，谋划定期会商、长效对话机制及计划项目推进机制，常态化推进实施运行，形成持久工作合力。

四、构建上海大都市圈空间协同规划实施框架体系

《协同规划》的实施，需要推进各层次跨界地区和各领域专项系统的规划编制和项目落实，构建分阶段规划实施的行动机制和规划维护机制，并同步开展常态化跟踪研究和前瞻性战略研究，强化规划实施政策体系与技术保障。

（一）推进跨界地区和专项系统规划协同

1. 推进各层次跨界地区规划协同工作

《协同规划》的实施，要求对 10 个协作示范区和 13 个跨界城镇圈，分批按计划推进相关空间协同规划编制工作。建议沪苏浙两省一市和相关城市共同商定相应的工作方案，并按年度推进落实。此外，可根据地方实际发展诉求，以上海大都市圈的共同愿景为目标指引，自发协商编制各类邻界地区的空间规划和专项规划等，统筹跨区域发展相关事宜。

2. 深化各领域专项规划和行动计划的编制

在系统行动基础上，推进交通、产业、生态、基础设施、文化旅游等领域的重点专项规划和行动计划的编制，如城际轨道、水上交通、清水绿廊等。各专项规划应以系统行动所确定的"战略愿景—行动策略—项目库"为主线，分解各领域、各系统发展目标；关注相关重大政策制定、重大项目安排、重大体制创新等内容，对行动策略及重点项目库逐层细化、落实；加强跨区域重点任务和重大工程统筹协调，对涉及空间的事项做出系统性安排，并明确实施机制。

（二）构建分阶段实施的行动机制和规划维护机制

1. 以行动计划为平台落实近期任务安排

依照"1+8+5"成果框架，滚动编制《上海大都市圈空间协同近期行动计划》（以下简称《都市圈行动计划》），作为《长三角地区一体化发展三年行动计划》（以下简称《长三角行动计划》）在上海大都市圈层面空间协同的细化和补充。《都市圈行动计划》与《长三角行动计划》的编制年限保持一致，均为每三年滚动编制，应围绕整体空间协同目标，以项目化、清单化的方式，明确近期具体任务和工作事项，并向上与《长三角行动计划》做好衔接。以此为平台，推动年度任务的实施推进，相关重点任务纳入长三角区域一体化发展年度工作计划。首期《都市圈行动计划》已于 2022 年 9 月正式印发。

2. 健全监测评估与动态维护机制

领导小组应定期组织开展规划实施监测、评估与适时更新工作，依托第三方机构持续跟踪研究，形成动态反馈机制。

一是开展《协同规划》年度监测工作，及时了解和评估规划目标实现程度。 通过分析发展外部环境，呈现运行状况，评价实施效果，剖析存在问题与成因，提出政策建议，发挥对规划实施的反馈预警和决策参谋作用，支持保障好各城市的重大战略落实、重大决策实施和重大项目推进。

二是结合规划实施面临的新形势和新要求，定期开展《协同规划》五年实施评估工作。 全面评估规划实施以后上海大都市圈综合运行状况，研判实施中存在的核心问题和突出矛盾，并提出优化建议。相较于年度监测，实施评估更强调全面评价和综合研判，更突出与近期行动计划的紧密衔接，并为各城市国民经济和社会发展规划、专项规划编制等提供依据和支撑。

三是根据实施情况，动态调整上海大都市圈范围，滚动修改《协同规划》。 以规划实施评估和年度监测为基础，可由两省一市规划主管部门提出，并经领导小组同意后开展本项工作。

（三）开展常态化跟踪研究和前瞻性战略研究

一是持续跟踪研究并发布上海大都市圈城市指数、蓝皮书、通勤报告等。 其中，《上海大都市圈城市指数》聚焦生产性服务业、贸易航运、科技创新、智能制造、文化交流等功能，对都市圈内 40 个区县单元进行评价。《上海大都市圈蓝皮书》旨在对上海大都市圈经济、文化、治理、社会和生态发展予以跟踪，特别是对空间领域发展及规划现状、趋势、特点开展研究。《上海大都市圈通勤报告》从行政区划、空间协同单元及重点地区出发，讨论各单元内及不同单元间的通勤人口空间分布、通勤联系及功能关联等特点。

二是及时把握行业变革和社会发展新趋势，针对前瞻性问题开展研究。 如针对碳达峰碳中和、科技创新与技术变革、安全韧性等前沿领域，开展其在都市圈层面的现状特点、发展趋势、未来需求及其对区域空间格局的影响等研究。

（四）强化规划实施政策体系与技术保障

一是建立健全规划实施政策体系。 建立重点领域制度规则和重大政策沟通协调机制，提高政策制定的统一性和执行的协同性。建议沪苏浙两省一市人民代表大会及其常务委员会探索研究制定大都市圈相关地方性法规，开展大都市圈政策法规体系建立工作，推动生态补偿、污染防治等领域的政策制定工作，提升政策叠加优势。

二是加强技术标准衔接。结合长三角一体化示范区国土空间总体规划编制经验，探索规范都市圈各空间层次规划编制技术标准，尤其加强城市安全、生态环境和民生保障等领域的省际相关技术标准体系的衔接。

三是共建信息服务平台。建议由领导小组办公室牵头，9个城市共建规划资源信息服务平台，建立区域规划成果信息共享和动态维护机制，整合各类空间关联数据，汇集形成跨行业、跨部门、跨层级的国土空间信息数据资源系统，实现信息平台共建、共享、共治，支持科学决策。

五、深化落实上海大都市圈空间协同机制

（一）以空间协同专题合作组为平台，并纳入长三角区域合作机制

长三角区域合作机制的执行层面主要依托长三角区域合作办公室及交通、能源等15个专题合作组开展工作。长三角区域合作办公室负责制定长三角区域整体工作计划，并协调推进落实。专题合作组在长三角区域合作办公室的指导下，牵头制定专题合作工作计划、协调重大事项。**建议将上海大都市圈空间规划协同工作领导小组办公室作为空间协同专题合作组**，接受长三角区域合作办公室指导，具体承担实施《协同规划》、推进上海大都市圈空间协同发展的相关工作。后续可视需要逐步扩大到长三角三省一市范围。

空间协同专题合作组应强化与其他长三角区域专题合作组之间的分工合作。空间协同专题合作组重点推进各层次跨界地区规划编制，解决跨界地区空间冲突问题，建立跨界地区规划实施与监督机制，对区域协同规划跟踪评估、动态维护，并从整体构建长三角一体化和上海大都市圈空间格局的角度，指导其他专题合作组梳理重大项目。其他专题合作组依据各层次跨界地区协同规划，梳理各专业领域的行动任务和项目安排，细化目标和节点安排，纳入各自年度工作计划推进实施。

（二）推进协同指导委员会和领导小组常态化运行

1. 协同指导委员会

邀请国家发展改革委、自然资源部、住房和城乡建设部、生态环境部、工业和信息化部、交通运输部、文化和旅游部、水利部、科技部、商务部等部委领导组成上海大都市圈空间规划协同指导委员会，对上海大都市圈空间协同工作予以指导和

支持，对重点统筹建设项目及机制探索提供意见和建议。

2. 领导小组

领导小组延续现有工作模式，由上海市常务副市长担任组长，沪苏浙两省一市分管自然资源的省（市）领导任副组长，沪苏浙两省一市自然资源主管部门的主要领导及无锡、常州、苏州、南通、宁波、湖州、嘉兴、舟山8个城市的市长为领导小组成员。

领导小组主要负责对《协同规划》的实施、监测、评估工作进行指导和决策，对跨区域的重大规划事项、重大项目建设规划及相关规划合作事宜进行统筹协调。领导小组会议原则上每年召开一次，并衔接长三角地区主要领导座谈会筹备工作的相关要求。

3. 领导小组办公室

领导小组下设办公室，设在上海市规划和自然资源局，由该部门的主要领导兼任办公室主任，苏浙两省自然资源主管部门的分管领导及无锡、常州、苏州、南通、宁波、湖州、嘉兴、舟山8个城市分管自然资源的市领导担任副主任，沪苏浙两省一市自然资源主管部门的责任处室主要负责人和8市自然资源主管部门的主要负责人为成员。

领导小组办公室主要负责：统筹跨界地区规划编制，搭建跨区域重大事项和相关规划合作的协调平台；制定年度行动计划，并协调推进落实；承担领导小组日常工作，筹备领导小组会议；服务指导委员会，维护专家咨询委员会，负责上海大都市圈有关宣传工作，举办上海大都市圈年度论坛等活动。领导小组办公室会议原则上每个季度召开一次。

4. 领导小组办公室秘书处

建议领导小组办公室下设秘书处，设在上海市规划和自然资源局相关处室，由该处室和上海大都市圈规划研究中心相关人员组成，承担领导小组办公室日常运行维护工作。

（三）做实决策咨询和技术支撑

充分发挥相关行业专家及社会智库的作用，共同为上海大都市圈的发展积极建言献策、提供智力支持。

继续发挥好上海大都市圈空间规划协同专家咨询委员会的作用。该委员会由多学科、多地域、多领域专家组成，包括两院院士、高校和科研机构专家、规划设计机构专家、知名行业专家等，负责指导上海大都市圈空间规划协同的重大事项、重要规划的咨询和研讨。

持续提升上海大都市圈规划研究中心的智库能力。作为技术牵头，维护好上海大都市圈空间协同规划，保障规划的有序推进与动态反馈。通过开展独立研究、联合发布研究报告、举办会议论坛等多种形式，形成上海大都市圈发展的技术和智力引领，为城市政府与利益相关方提供决策建言。

不断扩大上海大都市圈规划研究联盟的平台影响。以"资源共享、优势互补、服务区域、共谋发展"为工作原则，促进上海大都市圈主要规划研究机构之间的技术、成果和信息交流，实现资源共享互通，为上海大都市圈规划、建设和管理提供强有力的技术支撑。

APPENDIX

附录

全球城市榜单中上海的位次

全面落实国家对上海发展的新要求，坚持总规引领，秉承国际视野，对全球城市榜单进行持续性、常态化跟踪，清醒认识上海在全球城市竞争格局中的位次变化。

一、榜单选取

聚焦加快构建新发展格局，推动高质量发展，落实人民城市理念，选取具有较高认可度和国际影响力，连续发布，且覆盖国际国内多个主要城市的全球城市"榜单"。全球城市榜单选取综合实力、五个中心、文化发展、宜居韧性 4 个方面，12 个榜单（见附表 1、附图 1）。

附表 1　全球城市跟踪"榜单"一览表

分类	名称	简称	机构	更新周期	最新年份
综合	全球城市实力指数报告 （Global Power City Index）	GPCI	日本森纪念财团	1 年	2022
	全球城市报告 （Global Cities Report）	GCR	美国科尔尼管理咨询公司 （ATKearney）	1 年	2022
	世界城市名册 （Globalization and World Cities Study Group and Network）	GaWC	英国拉夫堡大学	2 年	2020
五个中心	全球金融中心指数 （The Global Financial Centres Index）	GFCI	英国智库 Z/Yen 集团和中国 （深圳）综合开发研究院	半年	2022
	国际航运中心发展指数报告 （International Shipping Centre Development Index）	ISCDI	中国经济信息社和波罗的海 交易所	1 年	2022
	国际科技创新中心指数 （Global Innovation Hubs Index）	GIHI	清华大学产业发展与环境 治理研究中心（CIDEG） 联合施普林格·自然集团 （Nature Research）	1 年	2022
	全球创新城市指数 （Innovation Cities Index）	ICI	澳大利亚 2thinknow 研究机构	1 年	2021
	全球人才竞争力指数 （The Global Talent Competitiveness Index）	GTCI	德科集团与欧洲工商管理 学院 (INSEAD)	1 年	2022
文化发展	国际交往中心城市指数 （International Exchange Centers Index）	IECI	清华大学中国发展规划研究院、 德勤中国	1 年	2022
	全球城市目的地百强 （Top 100 City Destinations）	TCD	欧睿国际（Euromonitor International）	1 年	2022
宜居韧性	可持续城市指数 （The Arcadis Sustainable Cities Index）	SCI	凯谛思公司（Arcadis）	1 年	2022
	全球城市安全指数 （The Safe Cities Index）	SCI	英国《经济学人》 （The Economist）	2 年	2021

附图 1　全球城市榜单及上海排名

排名	GPCI 全球城市实力指数 2023 上海15	GCR 全球城市报告 2023 上海13	GaWC 世界城市名册 2020 上海5	CFCI 全球金融中心指数 2023.9 上海7	ISCDI 国际航运中心发展指数 2023 上海3	ICI 创新城市指数 2022—2023 上海46	GIHI 国际科技创新中心指数 2023 上海10	GTCI 全球人才竞争力指数 2022 上海83	TCD 全球城市目的地百强 2022 上海31	IECI 国际交往中心城市指数 2022 上海16	SCI-Sustainable 可持续城市指数 2022 上海66	SCI-Safe 全球城市安全指数 2021 上海30
1	伦敦	纽约	伦敦	纽约	新加坡	东京	旧金山-圣何塞	旧金山	巴黎	伦敦	奥斯陆	哥本哈根
2	纽约	伦敦	纽约	伦敦	伦敦	伦敦	纽约	波士顿	迪拜	纽约	斯德哥尔摩	多伦多
3	东京	巴黎	香港	新加坡	上海	纽约	北京	苏黎世	阿姆斯特丹	巴黎	东京	新加坡
4	巴黎	东京	新加坡	香港	香港	巴黎	伦敦	西雅图	马德里	新加坡	哥本哈根	悉尼
5	新加坡	北京	上海	旧金山	迪拜	新加坡	波士顿	洛桑	罗马	首尔	柏林	东京
6	阿姆斯特丹	布鲁塞尔	北京	洛杉矶	鹿特丹	洛杉矶	粤港澳大湾区	新加坡	慕尼黑	香港	伦敦	阿姆斯特丹
7	首尔	新加坡	迪拜	上海	汉堡	波士顿	东京	日内瓦	柏林	北京	西雅图	惠灵顿
8	迪拜	洛杉矶	巴黎	华盛顿	雅典·皮雷乌斯	首尔	巴尔的摩	赫尔辛基	巴塞罗那	东京	巴黎	香港
9	墨尔本	墨尔本	东京	芝加哥	宁波-舟山	旧金山-圣何塞	巴黎	慕尼黑	纽约	旧金山	旧金山	墨尔本
10	柏林	芝加哥	悉尼	日内瓦	纽约/新泽西	休斯顿	上海	都柏林	布拉格	哥本哈根	阿姆斯特丹	斯德哥尔摩
11	哥本哈根	马德里	洛杉矶	首尔	休斯顿	柏林	首尔	奥斯陆	米兰	阿姆斯特丹	苏黎世	巴塞罗那
12	悉尼	香港	多伦多	深圳	东京	芝加哥	新加坡	华盛顿	里斯本	洛杉矶	鹿特丹	纽约
13	维也纳	上海	孟买	北京	广州	斯德哥尔摩	洛杉矶-长滩-阿纳海姆	斯德哥尔摩	洛杉矶	慕尼黑	格拉斯哥	华盛顿
14	马德里	首尔	米兰	法兰克福	釜山	迪拜	芝加哥-约利埃特-内珀维尔	哥本哈根	新加坡	柏林	洛杉矶	伦敦
15	上海	多伦多	法兰克福	巴黎	青岛	多伦多	西雅图-塔科马-贝尔维尤	卢森堡	维也纳	巴塞罗那	纽约	旧金山
16	斯德哥尔摩	柏林	墨西哥哥	卢森堡	安特卫普	慕尼黑	达拉斯-沃斯堡	温哥华	斯德哥尔摩	上海	法兰克福	大阪
17	北京	旧金山	圣保罗	波士顿	深圳	维也纳	慕尼黑	哥本哈根	都柏林	波士顿	温哥华	洛杉矶
18	香港	悉尼	芝加哥	苏黎世	奥斯陆	悉尼	圣地亚哥	伦敦	法兰克福	华盛顿	温哥华	苏黎世
19	苏黎世	华盛顿	吉隆坡	阿姆斯特丹	墨尔本	马德里	教堂山-达勒姆-卡里	爱丁堡	东京	悉尼	慕尼黑	马德里
20	法兰克福	阿姆斯特丹	阿姆斯特丹	东京	洛杉矶	阿姆斯特丹	苏黎世	奥斯汀			华盛顿	

二、排名及变化情况

（一）综合排名位于全球城市网络中的第二方阵

综合实力排名跟踪科尔尼管理咨询公司（ATKearney）发布的**全球城市指数（GCI）**、日本森纪念财团发布的**全球城市实力指数（GPCI）**、英国拉夫堡大学发布的**世界城市名册（GaWC）等 3 个榜单**。2017—2022 年，上海在综合排名波动上升，位于全球城市网络中的第二方阵（见附表 2）。

附表 2　2017—2022 年综合实力榜单上海排名

榜单	上海排名					
	2017 年	2018 年	2019 年	2020 年	2021 年	2022 年
全球城市实力指数（GPCI）	19	19	19	12	10	16
全球城市指数（GCI）	15	26	30	10	10	10
世界城市名册（GaWC）[1]	—	6	—	5	—	—

上海在**全球城市指数（GCI）**中由 2017 年的第 19 位上升到 2022 年的第 16 位，其中 2021 年上海的排名最高达到第 10 位（见附图 2）。**全球城市实力指数（GPCI）**

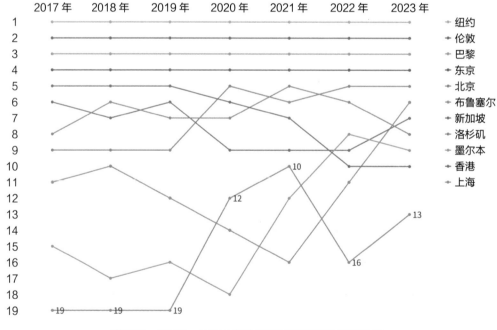

附图 2　2017—2022 年全球城市指数部分城市排名

（来源：2017—2022 年《全球城市指数报告》（GCI））

---

[1]　世界名册排名每两年公布一次，2016 年上海排名为第 9 位。

中，上海 2017 年至 2022 年排名波动较大，处于 10 ~ 30 位区间。其中，2017 年上海排名第 15 位，2019 年受经济、环境等维度影响，曾下降至第 30 位。2020—2022 年上海的排名最高连续三年保持第 10 位（见附图 3）。**世界城市名册（GaWC）**中，上海的排名从 2016 年的第 9 位上升到 2020 年的第 5 位，达到了历史高位，进入具有较高集聚和服务能力的全球城市前列。

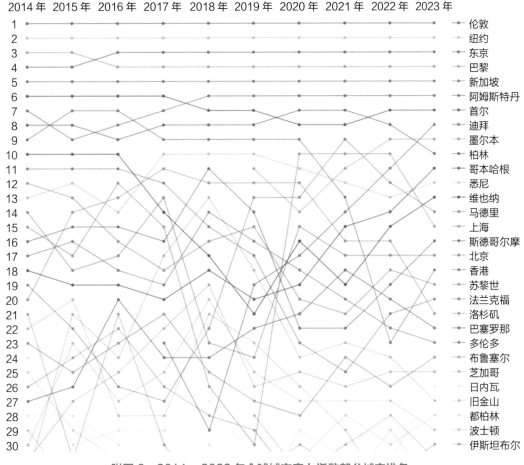

附图 3 2014—2022 年全球城市实力指数部分城市排名

（来源：2014—2022 年《全球城市实力指数报告》（GPCI））

在各项综合榜单中，伦敦、纽约、巴黎、东京等全球城市凭借强大的综合实力，排名稳定在前列。根据《全球城市指数报告 2022》，上海与伦敦、纽约、巴黎等具有相对均衡且强大的综合竞争优势的全球城市相比，在商业、人力资本、信息交流、文化体验等维度有一定差距（见附表 3）。在 2022 年全球城市实力指数中，上海在交通与可达性、经济、研究与开发维度排名较高，在宜居性、环境等维度排名较低（见附表 4）。

附表 3 《全球城市指数报告 2022》中全球各维度领先城市

2022《全球城市综合排名》——各维度上的领先城市				
商业活动 **纽约**	人力资本 **纽约**	信息交流 **巴黎**	文化体验 **伦敦**	政治事务 **布鲁塞尔**
2022《全球城市综合排名》——各指标上的领先城市				
− 全球财富 500 强企业 **北京** − 领先的全球服务企业 **伦敦，香港** − 资本市场 **纽约** − 航空货运 **香港** − 海运 **上海** −ICCA 会议 **里斯本** − 独角兽企业数量 **旧金山**	− 非本国出生人口 **纽约** − 高等学府 **波士顿** − 高等学历人口 **东京** − 留学生数量 **墨尔本** − 国际学校数量 **香港** − 医学院校数量 **伦敦**	− 电视新闻接收率 **柏林，慕尼黑，法兰克福，杜赛尔多夫** − 新闻机构 **纽约** − 宽带用户 **巴黎** − 言论自由 **奥斯陆** − 电子商务 **新加坡**	− 博物馆 **莫斯科** − 艺术表演 **波士顿** − 体育活动 **伦敦** − 国际游客 **伊斯坦布尔** − 美食 **伦敦** − 友好城市 **圣彼得堡**	− 大使馆和领事馆 **布鲁塞尔** − 智库 **华盛顿特区** − 国际组织 **日内瓦** − 政治会议 **布鲁塞尔** − 全球影响力的本地 机构 **巴黎**

（来源:《全球城市指数报告 2022》）

附表 4 全球城市实力指数的评价维度

维度	细分维度	上海 2022 年 单项排名
经济（600 分）	市场规模、市场吸引力、经济活力、人力资本、商业环境、 经商便利性	10
研究与开发（300 分）	学术资源、研究环境、创新	13
文化与交流（500 分）	引领潮流的潜力、旅游资源、文化设施、旅游设施、国际互动	24
宜居性（500 分）	工作环境、生活成本、安全与保障、幸福生活、生活便利性	45
环境（300 分）	可持续性、空气质量与舒适度、城市环境	34
交通与可达性（400 分）	国际网络、航空运输能力、市内交通、运输的舒适性	1

（来源:《全球城市实力指数报告 2022》）

（二）五个中心：金融中心和航运中心排名靠前，科创中心排名逐年上升，人才竞争力排名靠后

五个中心跟踪英国智库 Z/Yen 集团和中国（深圳）综合开发研究院发布的**全球金融中心指数（CFCI）**、中国经济信息社和波罗的海交易所发布的**新华·波罗的海国际航运中心发展指数（ISCDI）**、清华大学产业发展与环境治理研究中心（CIDEG）联合施普林格·自然集团（Nature Research）的**国际科技创新中心指**

数（GIHI）、澳大利亚 2thinknow 研究机构发布的**创新城市指数（ICI）**和德科集团与欧洲工商管理学院 (INSEAD) 的**全球人才竞争力指数（GTCI）**等 5 个榜单（见附表 5）。

附表 5　2017—2023 年五个中心维度跟踪榜单中上海排名

榜单	上海排名											
	2017 年		2018 年		2019 年		2020 年		2021 年		2022 年	
全球金融中心指数（GFCI）[2]	13	6	6	5	5	5	4	3	3	6	4	6
新华·波罗的海国际航运中心发展指数（ISCDI）	5		4		3		3		3		3	
国际科技创新中心指数（GIHI）[3]	–		–		–		17		14		10	
全球创新城市指数（ICI）[4]	32		35		33		–		15		–	
全球人才竞争力指数（GTCI）[5]	37		70		72		–		77		83	

上海在**全球金融中心指数（CFCI）**排名中，从 2017 年的 13 位上升到 2022 年的第 6 位。其中，2020 年、2021 年上海的排名达到第 3 位。纽约、伦敦排名稳居前两位。2022 年，新加坡、香港、旧金山等城市排名超过上海（见附图 4）。

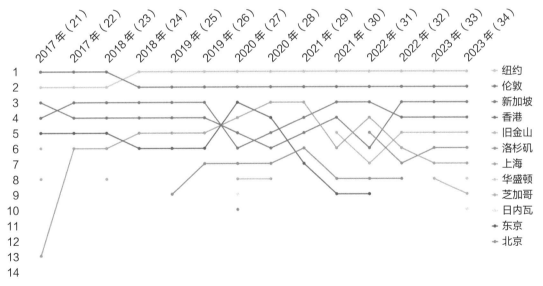

附图 4　2017—2022 年全球金融中心部分城市排名

（来源：2017—2022 年历次《全球金融中心指数》）

---

[2]　全球金融中心指数（CFCI）每半年公布一次排名情况，截至 2022 年 9 月共公布 32 期排名。

[3]　国际科技创新中心指数（GIHI）自 2020 年开始发布。

[4]　全球创新城市指数（ICI）2020 年和 2022 年未公布排名。

[5]　全球人才竞争力指数（GTCI）2020 年未公布城市排名。

新华·波罗的海国际航运中心发展指数（ISCDI）中，从 2017 年第 5 位上升到 2020 年的第 3 位，并连续 3 年保持第 3 位。新加坡、伦敦排名稳居前两位（见附图 5）。

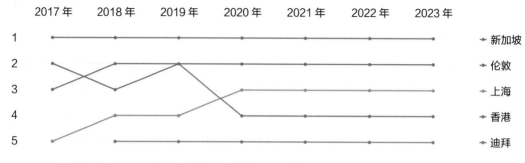

附图 5　2017—2022 年新华·波罗的海国际航运中心发展指数前五位城市排名

（来源：《新华·波罗的海国际航运中心发展指数》）

国际科技创新中心指数（GIHI）中，上海排名逐年上升，2022 年居第 10 位，在科学中心、创新高地等维度表现较好（见附表 6）。上海在澳大利亚 2thinknow 研究机构发布的**创新城市指数（ICI）**中，2017—2022 年排名呈现波动上升的趋势。2021 年综合排名第 15 位，创造了历史新高，但与伦敦、东京、旧金山、纽约等城市还有所差距（见附图 6）。

附表 6　国际科技创新中心综合排名前 20 城市（都市圈）列表

排名	城市（都市圈）	2020 年	2021 年	2022 年
1	旧金山—圣何塞	1	1	1
2	纽约	2	2	2
3	北京	5	4	3
4	伦敦	6	3	4
5	波士顿	3	5	5
6	粤港澳大湾区	—	7	6
7	东京	4	6	7
8	巴尔的摩—华盛顿	9	10	15
9	巴黎	11	8	9
10	上海	17	14	10
11	首尔	16	21	12
12	新加坡	14	13	13
13	洛杉矶—长滩—阿纳海姆	8	12	16
14	芝加哥—内珀维尔—埃尔金	13	17	24
15	西雅图—塔科马—贝尔维尤	7	9	11

（来源：《国际科技创新中心指数》）

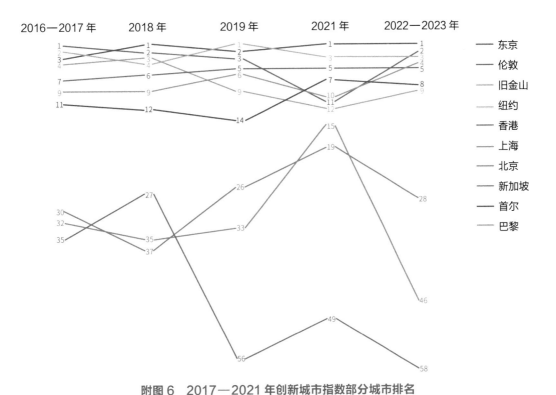

附图6　2017—2021年创新城市指数部分城市排名

（来源：《全球创新城市指数报告》）

全球人才竞争力指数（GTCI）中排名呈现下降趋势，由2016年的第37位下降到2022年的第83位。

（三）文化发展：文化与交流排名处于全球20名前后

文化发展维度跟踪的榜单包括全市城市实力指数（GPCI）的文化与交流维度、国际交往中心城市指数（IECI）和全球目的地城市（TCD）等3个榜单（见附表7）。

附表7　2017—2022年文化发展维度全球榜单上海排名

榜单	上海排名					
	2017年	2018年	2019年	2020年	2021年	2022年
全市城市实力指数（GPCI）的文化与交流维度	17	18	25	19	26	24
国际交往中心城市指数（IECI）[6]	—	—	—	—	—	16
全球目的地百强城市（TCD）[7]	25	26	30	—	31	31

---

[6] 国际交往中心城市指数（IECI）目前仅公布了2022年排名。

[7] 全球目的地百强城市（TCD）2020年未公布排名。

上海在**全市城市实力指数（GPCI）的文化与交流维度**[8]，2017—2022 年上海市排名相对稳定，略微下降，从第 17 位至第 24 位（见附图 7），其中旅游资源、文化设施等表现较好，国际互动和引领潮流的潜力等表现一般。

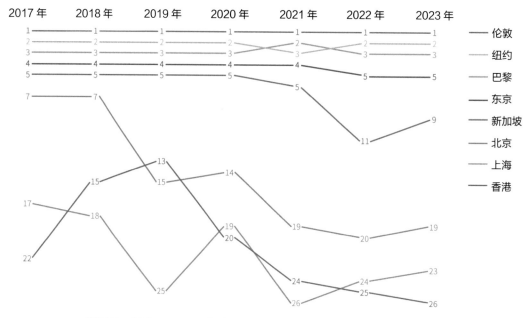

附图 7　2017—2022 年全球城市实力指数文化与交流维度排名比较
（来源：2017—2022 年《全球城市实力指数报告》）

国际交往中心城市指数（IECI）[9] 排名中，2022 年上海位列第 16 位，与伦敦、纽约等城市在文化教育和人文交流等方面还有一定差距（见附表 8）。国际旅游目的地优势减弱，旅游吸引点和设施配套优势不突出。

附表 8　2022 年排名前十的国际交往中心城市

城市	综合排名	吸引力排名	影响力排名	联通力排名
伦敦	1	3	2	8
纽约	2	1	4	17
巴黎	3	19	1	1

[8] 文化与交流维度包括引领潮流的潜力（国际会议数量、文化活动数量等）、旅游资源（旅游景点、靠近世界遗产地、夜生活的选择等）、文化设施（剧院数量、博物馆数量等）、旅游设施（酒店客房数量、购物选择的吸引等）、国际互动（外国居民数量、外国游客数量等）。

[9] 由清华大学中国发展规划研究院、德勤中国联合发布，作为全球首个国际交往中心城市指数报告，关注一个城市在全球要素集聚、政治经济交往和人文交流等方面的参与程度与潜力。

城市	综合排名	吸引力排名	影响力排名	联通力排名
新加坡	4	4	13	3
首尔	5	11	6	4
香港	6	6	7	5
北京	7	24	3	13
东京	8	12	5	16
旧金山	9	2	10	31
哥本哈根	10	9	25	7
上海	17	29	16	9

（来源:《国际交往中心城市指数 2022》）

全球目的地百强城市（TCD）排名中，2017—2022 年上海排名从第 25 位到第 31 位，整体排名有所下降，其中表现较好的维度是旅游表演业，可持续和旅游设施方面表现不够突出。

（四）宜居韧性：近年来排名有所上升，整体排名较低

宜居安全和可持续维度跟踪的榜单主要包括全球城市实力指数（GPCI）的环境维度和宜居维度，凯谛思可持续城市指数（SCI）和全球安全城市指数（SCI）等（见附表 9）。

附表 9　2017—2023 年宜居安全维度全球城市榜单上海排名

榜单	上海排名					
	2017 年	2018 年	2019 年	2020 年	2021 年	2022 年
全球城市实力指数（GPCI）的环境维度	41	43	48	42	39	34
全球城市实力指数（GPCI）的宜居维度	38	30	38	37	37	45
凯谛思可持续城市指数（SCI）[10]	—	76	—	—	—	66
全球安全城市指数（SCI）[11]	34	—	32	—	30	—

---

[10] 凯谛思可持续城市指数（SCI）仅公布了 2018、2022 年数据。

[11] 全球安全城市指数（SCI）尚未公布 2023 年排名。

上海在全球城市实力指数（GPCI）的环境维度[12]中2017—2022年排名呈现小幅度上升，由第41位上升至第34位，可持续性、空气质量和舒适度等不断提升（见附图8）。宜居维度[13]中2017—2022年排名则由第38位下降至第45位（见附图9）。

　　凯谛思可持续城市指数（SCI）[14]从地球（环境）、人（社会）、利润（经济）三个核心方向进行城市排名，2018—2022年上海从第76位升至第66位（见附表10）。

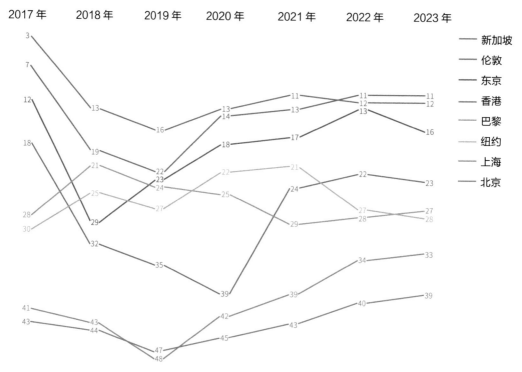

附图8　2017—2022年全球城市实力指数环境维度排名比较

（来源：2017—2022年《全球城市实力指数报告》）

---

[12]　环境维度包括可持续性（对气候行动的承诺、可再生能源率等）、空气质量和舒适度（人均二氧化碳排放量、空气质量等）、城市环境（水质、城市绿化、城市清洁满意度等）。

[13]　宜居维度包括工作环境（总失业率、人均工作时间等）、生活成本（房屋租金、价格水平等）、安全与保障（自然灾害的经济风险、犯罪情况等）、生活便利性（预期寿命、社会自由平等情况等）等。

[14]　凯谛思（Arcadis）是总部位于荷兰的自然和建筑资产设计及咨询公司 Arcadis NV 的品牌。凯谛思可持续发展城市指数中对城市可持续发展进行了全面和深入的分析，并对全球 100 个城市进行排名。

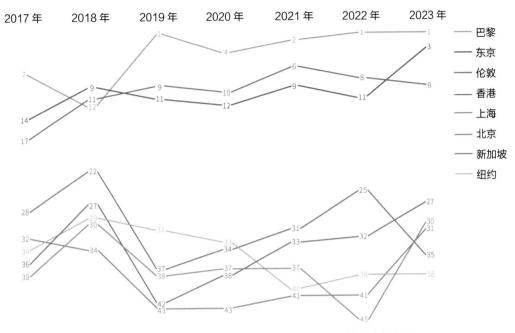

附图 9　2017—2022 年全球城市实力指数宜居性维度排名比较

（来源：2017—2022 年《全球城市实力指数报告》）

附表 10　可持续指数排名情况

排序	整体指数	地球（环境）	人（社会）	利润（经济）
1	奥斯陆	奥斯陆	格拉斯哥	西雅图
2	斯德哥尔摩	巴黎	苏黎世	亚特兰大
3	东京	斯德哥尔摩	哥本哈根	波士顿
4	哥本哈根	哥本哈根	首尔	旧金山
5	柏林	柏林	新加坡	匹兹堡
6	伦敦	伦敦	维也纳	坦帕
7	西雅图	东京	东京	达拉斯
8	巴黎	安特卫普	鹿特丹	芝加哥
9	旧金山	苏黎世	马德里	巴尔的摩
10	阿姆斯特丹	鹿特丹	阿姆斯特丹	迈阿密
上海排名	上海（66）	上海（75）	上海（49）	上海（63）

（来源：《凯谛思可持续城市指数 2022》）

　　2021 年，全球安全城市指数报告（SCI）中上海排名第 30 位，比 2019 年上升 2 位，与 2015 年排名相同（见附图 10）。从单项维度得分看，上海在健康安全、设施安全、人身安全等维度表现较好，数据安全、环境安全等维度表现一般。

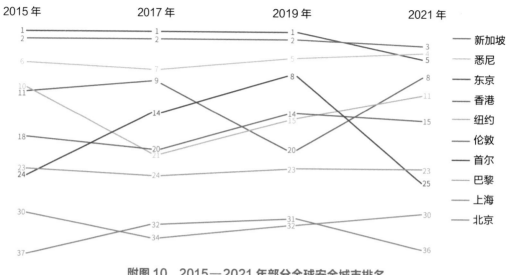

2015 年	2017 年	2019 年	2021 年

附图 10　2015—2021 年部分全球安全城市排名

（来源：《全球安全城市指数报告》）

图例：
新加坡
悉尼
东京
香港
纽约
伦敦
首尔
巴黎
上海
北京

图书在版编目（CIP）数据

上海城市发展战略问题规划研究. 2023 / 上海市城市规划设计研究院编著. -- 上海 : 上海科学技术出版社, 2025. 1. -- ISBN 978-7-5478-6947-5

Ⅰ. TU984.251

中国国家版本馆CIP数据核字第2024B3N390号

审图号 : GS (2024) 5136 号

上海城市发展战略问题规划研究 2023
上海市城市规划设计研究院　编著

上海世纪出版（集团）有限公司
上海 科 学 技 术 出 版 社　出版、发行
（上海市闵行区号景路 159 弄 A 座 9F–10F）
邮政编码 201101　　www.sstp.cn
山东韵杰文化科技有限公司印刷
开本 787 × 1092　1/16　印张 11.5
字数 210 千字
2025 年 1 月第 1 版　2025 年 1 月第 1 次印刷
ISBN 978–7–5478–6947–5/TU・363
定价：120.00 元